KB137437

평화와 생명의 땅 DMZ를 가다

일러두기

대한민국 육군은 2011년 말부터 2012년 말까지 신형 디지털 군복의 보급을 완료했다. 본문에 실린 사진 중에서 구형 군복이 등장하는 일부 사진은 2012년 말 신형 디지털 군복의 보급이 완료되기 전에 촬영된 것이다.

DMZ PHOTO STORY

평화와 생명의 땅 DMZ를 가다

김환기 지음 | 최태성·백철·손민석 사진

추천의 글

DMZ의 장병들에게 휴일을 허하라

이 글을 쓰는 2014년 7월 현재, 전 국민의 이목이 GOP 부대와 그 병사들에게 집중되고 있다. 최전방 GOP 부대에서 일어난 가슴 아픈 총기 난사 사건 때문이다. 우리 국민치고 군인과 무관한 사람은 없다. 군인은 누군가에게는 사랑하는 아들딸이며, 누군가에게는 형제자매이고, 누군가에게는 친구이며, 누군가에게는 선후배일 테니까.

이번 사건으로 또다시 군대 왕따 문제와 관심병사 관리 문제가 도마 위에 올랐다. 이처럼 가슴 아픈 일이 왜 아직도 반복되고 있는 것일까? 국방부나 군뿐만 아니라, 우리 국민 모두 이 문제에 대해 근본적으로 생각해볼 필요가 있다. 물론 왕따 문제는 군만의 문제는 아니다. 왕따 문제는 학교와 회사 등 우리 사회에서 심각한 문제가 된 지 오래다. 이것은 인간 본연의 문제라고 할 수 있다. 단지 이번 사건이 군대라는 특수 상황에서 발생했기 때문에 군대 왕따 문제가 거론되고 있을 뿐이다. 그러나 그렇다고 해서 군대 왕따 문제를 그대로 방치할 수는 없다. 병사 한 명 한 명에 대해 좀 더 세심한 관심을 갖고 왕따 문제에 접근하지 않으면 이와 같은 사건은 또 반복될 것이다. 더 근본적으로는 우리 국민 모두에게 호소하고 싶다. 지금 우리에게는 더불어 사는 삶의 소중함에 대한 자각, 타인의 인격 존중, 불의에 저항하는 용기, 올바른 인성 교육이 절실히 필요하다. 그렇지 못했을 때 그 피해자는 우리 자신이 될 수도 있음을 명심해야 한다.

이번 사건으로 도마 위에 오른 관심병사관리제도의 등급 분류 기준과 관리 문제는 군(軍), 관(官), 민(民)이 함께 머리를 맞대고 진지하게 논의하고 대책을 강구해야 한다. 예산을 비롯한 복합적인 문제들이 얽혀 있어 해결책을 찾기 쉽지 않겠지만, 시도조차 하지 않는다면 이와 같은 사건의 재발은 불을 보듯 뻔하다. 군대 관리에 대한 불감증이 또다시 이와 같은 사건을 불러일으켰음을 자각해야 한다. 군은 필요하다면 민간의 도움을 받아서라도 이 문제를 해결하려는 의지를 보여야 한다. 최전방의 열악한 환경에서 군 복무를 하는 병사들의 심리 상담과 검사를 제대로 실시하고, 문제가 있는 병사들에 대해 어떤 조치를 취할 것인지 적절한 방법을 찾아야만 한다. 군대 내의 이러한 문제들은 군대 사기에 영향을 미치고, 군에 대한 국민의 불신을 초래한다. 이와 같은 비극이 계속 반복된다면 대한민국의 어느 부모가 군을 믿고 자식을 군대에 보내려 할 것이며, 어느 젊은이가 기꺼이 자신의 젊음을 바치려 하겠는가. 군대라는 집단 내에서 어떻게 개인의 인격을 존중하고 특수성을 고려할 것인지 묻고 방법을 찾아야 한다.

이번 사건을 계기로 자식을 군대에 보냈거나 조만간 보내게 될 부모들의 걱정은 이만저만이 아니다. 특히 최전방에서 군 복무를 하고 있는 자식을 둔 부모들은 좌불안석이다. 최전방의 근무 환경은 열악하기 그지없다. 일선에서 복무하는 병사들의 고충과 애로에 대해 우리 사회의 기성세대들은 이중적인 잣대를 가지고 있다. 자식을 군대에 보내는 부모들의 입장에서는 병사들이 보다 편안하고 안정된 군 생활을 할 수 있도록 많은 개선이 이루어져야 한다고 생각하는 반면, 군 복무를 경험한 기성세대의 입장에서는 군 생활은 어쩔 수 없이 괴롭고 고통스런 것이며 자신이 군 복무할 때보다 환경이 훨씬 좋아졌다고 생각하는 경향도 없지 않다.

하지만 지금은 무조건 병사들에게 인내와 복종만을 강요할 수 있는 시대가 아니다. 병사들의 자발적인 충성과 복종을 이끌어낼 수 있는 근본적인 방법은 지금의 징병제를 모병제로 전환하는 것이다. 할 수만 있다면 이것이 선진 강군을 만드는 길일 수 있다. 하지만 전면적인 모병제 전환은 아직 시기상조일 뿐만 아니라, 우리나라의 특수한 군사적 상황을 감안할 때 거의 선택이 불가능한 경우의 수다. 물론 그렇다고 지금의 병사 운용 체제를 그대로 유지해야 한다는 것은 아니다. GOP를 비롯한 최일선 부대 병사들의 고충을 몇 가지 살펴보고 그 개선 방안을 생각해보자.

GOP 부대 병사들의 가장 큰 애로는 우선 휴일이 없다는 것이다. 널리 알려진 것처럼 GOP나 GP의 병사들에게는 주말이 전혀 없다. 한시도 긴장의 끈을 놓을 수 없는 북한과의 군사적 대치 상황을 감안할 때 당연히 최일선 부대에 휴일이 있을 수는 없다. 하지만 이는 부대 전체로 봤을 때의 얘기고, 병사 개개인에게 휴일이 전혀 없는 상황은 그곳이 아무리 군대라도 견디기 어려운 것이다. 다람쥐 쳇바퀴 돌 듯 매일 똑같은 일상을 무한히 반복한다고 상상해보라. 그것도 긴장되고 힘겨운 과업들로 채워진 일상이다. 아마 기계라도 견디기 어려운 나날일 것이다. 20대 초반의 앳된 젊은이들이 국방의 의무라는 책임을 어깨에 걸머지고 그런 일상을 날마다 묵묵히 견디고 있다. 그런 그들을 보고 있노라면 대견하면서도 한편으로 가슴이 짠하다. 후방의 우리가 이들에게 얼마나 큰 빚을 지고 있는지 새삼 느끼게 된다.

최전방의 병사들에게 휴일이 없는 것은 한마디로 병사 수가 모자라기 때문이다. 이렇게 인적 자원이 모자란 대표적인 부대가 바로 이번에 문제가 발생한 GOP 부대다. 이 부대는 다른 부대의 세 배 이상이나 되는 철책선을 지키면서도 병사들의 수는 다른 부대와 비슷하다. 따라서 병사 개개인이 부담해야 할 피로도는 상상 이상일 수 있다. 그런 피곤한 근무 환경에 더해 왕따 등의 폐해가 겹치면서 이번 총기 난사 사건이 벌어진 것이다. 우리는 그들을 비난하기 전에 그들의 열악한 근무 환경에 관심을 가져야 한다. 후방에서 우리가 할 수 있는 일은 그들에 대해 따뜻한 관심과 고마움을 표하는 것이다.

최전방 인력 부족 문제는 병력을 채워주면 해결되지 않느냐고 생각할 수 있다. 문제는 병역 자원 부족으로 전방에 추가로 보낼 자원이 없다는 것이다. 그렇다면 현실적인 해결책은 무엇일까? 아마도 병사들이 그들 본연의 임무에만 충실할 수 있도록 여타의 여건을 개선해주는 것일 것이다. 우리 병사들은 본연의 임무 외에도 잠자거나 쉬어야 할 시간에 제설작업, 도로보수, 제초작업 등에 동원된다. 미군 부대의 경우를 예로 들지 않더라도, 부대에서 병사들에 의해 이루어지는 일들 가운데 적잖은 일은 민간에서도 담당할 수 있는 것들이다. 전기나 통신, 도로공사 등의 일들은 실제로 예전에 비해 많이 민간에 위탁되고 있다. 찾아보면 그런 일들은 수없이 많을 터인데, 이를 위해 확보되어야 할 것이 바로 예산이다. 그러나 우리 군은 병사뿐 아니라 예산 역시 부족하다는 것이 문제다.

최전방 GOP의 병사들이 겪는 또 다른 고충은 과도한 근무 기간이다. 부대마다 조금씩 기간이 다르다고는 하지만 철책을 지키는 근무는 대개 한 번 투입되면 8~12개월 가량 지속된다. 긴장과 고통의 연속인 하루하루가 8~12개월 가량 휴일 한 번 없이 이어진다고 상상해보라. 누구도 그런 생활은 감당키 어려울 것이다. 지금 현재 대한민국의 최전방 부대 병사들이 이런 생활을 하고 있다. GOP 근무 기간이 이렇게 긴 것은 병사들이 현지의 지형지물을 비롯한 경계지역의 군사적 기초 지식을 숙지할 필요가 있기 때문이다. 하지만 장교가 아닌 병사들이 이렇게 긴 기간을 복무하면서 숙지할 군사적 지식이 그렇게 많은지 필자로서는 선뜻 판단이 서지 않는다. 설령 그렇게 긴 기간을 들여 실제로 숙지할 것들이 많아서 근무 기간을 줄일 수 없다면, 휴일 보장을 비롯한 대안이라도 적극적으로 검토하는 것이 좋지 않을까?

최전방 부대의 병사들이 감당해야 하는 하루하루의 일상은 민간인이 상상하기 어려운 것이다. 이 책에도 잘 묘사되어 있는 것처럼 최전방의 우리 병사들은 험준한 곳에서 혹한과 혹서와 싸우며 적과 물러설 수 없는 대치를 하고 있다. 이는 우리나라가 처한 특수한 군사적 상황 때문에 어쩔 수 없는 것이지만, 한겨울 눈보라와 한여름 폭염 속에서 밤새 근무를 서는 것은 개개인 병사들의 입장에서는 엄청난 고통이 아닐 수 없다. 훈련소에도 있는 휴식시간조차 없거나 있어도 시늉뿐이다. 하루 체험을 해보라고 해도 사양하고 싶은 근무 강도다. 이런 일을 매일, 8개월 이상 지속해야 하는 곳이 최전방 GOP 부대다.

이번 사건을 일으키고 도주한 탈영병을 체포하기 위해 출동한 우리 병사들 가운데 방탄복을 입지 않은 병사들이 많았다는 언론의 지적도 있었다. 언제 적의 총탄이 날아들지 모르는 최전방 부대의 병사들에게 아직까지도 방탄복이 다 지급되지 않았다는 것은 실로 큰 문제다. 이 역시 이유는 분명하다. 세계 10위권의 경제대국이라지만 우리의 군대는 그 규모에 비해 예산이 부족한 것이다.

예산이 부족하다 보니 병사들에게 당연히 지급해야 할 것들을 지급하지 못하는 경우가 부지기수다. 대표적인 것이 무릎보호대다. 산악으로 이루어진 최전방의 지형을 생각할 때 당연히 이들에게는 무릎보호대가 지급되어야 한다. 최전방의 병사들은 가파른 산에 설치된 철책을 따라 난 수많은 계단을 눈이 오나 비가 오나 하루에 두세 번씩 오르내린다. 그 계단이 얼마나 많고 그 길이 얼마나 가파르고 험준하면 '천국의 계단', '4천계단', '고진감래길'이라는 이름이 붙었을까? 그 계단과 길에 붙은 이름만으로도 병사들이 느낄 고통을 짐작하고도 남는다. 실제로 전방 근무를 마치고 무릎 인대가 손상되어 고생하는 젊은이들이 적지 않다. 국가를 위해 소중한 젊음을 바쳐 최전방에서 생활하는 것도 쉬운 일이 아닌데, 우리는 그들에게 평생 짊어질 희생까지 강요하고 있는 셈이다.

무릎보호대뿐만이 아니다. 영하 20도 이하가 되어야만 지급되는 발열제, 소위 핫팩도 문제다. 수은주가 영하 20도면 체감기온은 영하 30도 언저리다. 이런 날씨에서만 발열제가 지급되는 곳이 우리의 군대다. 영하 10도만 되어도 야외 활동을 자제하라는 일기예보가 나오는데 바람이 몰아치는 산간지역에서 밤을 새워 근무를 서는 그들의 고통은 어떠할까? 손발이 꽁꽁 얼어붙는다는 말이 전방에서는 비유가 아니라 실제다. 심지어 너무 추워서 손발을 잘라버리고 싶을 정도라는 말까지 들린다. 이에 대한 우리 군대의 해결책이 없는 것은 아니다. 바로 PX에서 핫팩을 파는 것이다. 병사들은 10여 만 원의 월급을 받아 그 일부를 쪼개어 개인적으로 핫팩을 사서 이용한다. 인내와 고통을 요구하는 것까지는 이해한다 하더라도, 이처럼 군인으로서의 활동을 위해 필요한 물품까지 개인이 책임지도록 한다는 것은 세계 10위권의 경제대국인 우리나라에서 이해하기 어려운 일이다.

이상에서 몇 가지 문제들을 거론했는데, 결국은 예산이 가장 큰 문제다. 선진 강군을 만들려면 병사 한 명 한 명에게 관심을 기울이고 병사들의 삶의 질을 향상시켜야 한다. 그러려면 무엇보다도 예산이 필요하다. 그러나 국방예산은 한정되어 있고, 첨단무기를 비롯한 장비를 구입하는 일도 멈출 수 없는 사업이어서 예산의 우선순위를 어디에 둘 것인지에 대한 고민이 필요하다. 현재 우리의 국방예산이 적절한지, 한정된 국방예산의 배분은 적절하게 이루어지고 있는지에 대한 대대적인 고민과 토론의 과정이 필요하다.

이런 고민과 토론은 결코 국방부 공무원이나 군인, 혹은 정치인들에게만 맡겨둘 수 있는 것이 아니다. 앞에서도 말했듯이 우리 국민치고 군인과 무관한 사람도 없고, 우리 국민치고 국방에 무감각한 사람도 없으며, 우리 국민치고 우리 군대를 걱정하거나 염려하지 않는 사람도 없다. 군의 일은 결코 군대만의 고유한 일이 아니다. 전 국민의 사활이 걸린 일이고 전 국민의 관심이 집중된 일이다. 우리 모두가 나서서 우리의 군을 지원하고 잘못은 질타하되, 그들의 고민이 무엇이고 해결책이 무엇인지를 함께 생각해야 한다.

이러한 시점에 우리 국민에게 DMZ의 모습과 그곳을 지키는 우리 병사들의 모습을 고스란히 보여주는 이 책이 출간된 것은 반가운 일이 아닐 수 없다. 이 책을 통해 보다 많은 국민들이 우리의 군대, 특히 DMZ와 이를 지키고 있는 최전방 부대 및 그 부대원들에 대해 보다 많은 애정과 관심을 갖게 되길 바란다. 이 책의 주인공은 바로 그들이니까. 책을 내기까지 노고를 아끼지 않은 저자와 출판사 관계자들에게 감사를 드린다. 또한 이들이 만나고 돌아왔을 최전방 부대의 장병들, 유쾌하고 즐거운 하루하루를 위해 피곤한 근무와 노동을 마다하지 않는 최전방 장병들에게 거듭거듭 감사와 격려의 인사를 전한다.

2014년 7월

유용원(조선일보 논설위원 겸 군사전문기자)

프롤로그

남북의 관계는 언제나 그렇듯 오늘도 온탕과 냉탕 사이를 정신없이 오가고 있다. 며칠만 뉴스나 신문을 보지 않으면 남북의 관계가 동으로 가는지 서로 가는지 도통 알 길이 없다. 어제는 이산가족 상봉이라는 희소식이 전해지더니 오늘은 북한의 군부가 미사일을 쏘며 무력시위를 하고 무인기를 보내 정찰을 했다는 뉴스가 전해진다. 그러나 사람들은 대체로 심드렁하다. 이렇게 종잡기 어려운 세월을 살아온 지 벌써 60년이 넘었으니 일종의 내성이 생긴 것인지도 모르겠다.

그 파란만장한 60년 동안 남북한은 크고 작은 대결이 끊이지 않았고, 여러 번 악수를 나누기도 했다. 하지만 여전히 변치 않는 곳이 있다. 바로 휴전선이다. 이 견고한 분단의 선은 21세기를 맞이한 지금도 흔들리거나 그 빗장이 풀릴 기미를 보이지 않는다.

그러나 휴전선과 DMZ를 바라보는 우리의 시각은 알게 모르게 많이 달라졌다. 60년 동안 사람의 발길을 허용하지 않은 이 금단의 땅이 이제 와 돌아보니 생태계의 보고(寶庫)가 되어 있더라는 사실이 알려지기 시작하면서, 그동안 개발에서 소외되었던 접경지역 지자체들은 새로 찾아낸 이 귀중한 보석을 어떻게 활용할지 진지하게 모색 중이다. 지자체들마다 살 길은 오로지 여기에 있다고 믿는 듯하다. 대통령과 정부도 남북의 대결을 종식시키고 세계인들에게 평화의 메시지를 전해줄 평화공원을 DMZ 안에 조성하자며 발 벗고 나섰다.

대체 DMZ 안에 뭐가 있기에 이처럼 난리인 걸까? 거기엔 정말로 우리가 모르는 통일의 싹이라도 자라고 있는 것일까? 나무와 풀과 지뢰가 한데 어우러진 그 땅에서 지난 60년 동안 무엇이 태어나고 자란 것일까?

몇 년 전 이미 DMZ 일원을 답사한 적이 있는 필자는 이런 새삼스런 궁금증과 의문을 안고 두 번째 DMZ 기행에 나섰다. 그러면서 몇 가지 계획도 세웠다. 우선 가능한 한 다양한 지역의 DMZ를 두루 둘러보면서 기본적인 정보들을 취합하여 여전히 DMZ에 낯설어 하는 사람들에게 제공하자는 계획이 하나였다. 이 땅에 새겨진 역사를 더듬어보고, 지금 거기서 살아가고 있는 군인들과 동식물들의 이야기도 들려주고 싶었다. 북풍과 한설이 몰아치는 전방에서 우리의 아들들이 어떻게 하루하루를 지내며 철책을 지키고 있는지에 대해서도 전해주고 싶었다. 이를 통해 DMZ가 우리의 일상과 결코 괴리된 공간이 아님을 알리고 싶었다. 단순한 분단의 상징이 아니라 오늘과 내일의 우리 삶에 현실적인 영향을 미치고 있는 실체적인 공간임을 알리고 싶었다. DMZ가 버려진 땅이 아니라 한반도에서 가장 귀중한 보배가 되었음을 널리 알리는 데 일조할 수 있기를 바랐다. 그리하여 보다 많은 사람들이 DMZ와 그 일원에 관심을 갖고 DMZ와 관련된 최근의 논의들에 더 활발하게 의견을 개진할 수 있게 되기를 바랐다. 나아가 우리의 선배들이 이 아름다우나 험준한 북방에서 얼마나 많은 피와 땀을 흘렸는지 알리고, 지금도 얼마나 많은 우리의 아들들이 이 상처뿐이던 땅에 새살을 돋우기 위해 애를 쓰고 있는지 전하고 싶었다. 그리고 분단의 아픔과 질곡을 더 많은 사람들이 현실의 문제로 받아들이고 통일에 대해 보다 구체적이고 현실적인 인식을 가질 수 있게 되기를 바랐다.

다행히 육군본부의 전폭적인 협조를 얻을 수 있었고, 현지 부대의 무한한 도움도 받을 수 있었다. 이 자리를 빌려 이 책이 나올 수 있도록 지원과 협조를 아끼지 않으신 육군본부 관계자와 전방 사단 관계자 분들께 거듭거듭 감사의 인사를 전한다.

2014년 7월

김환기

CONTENTS

© Son Min Seok

Story 06 양구 / 저절로 10년이 젊어지는 땅

Story 07 인제 / 대한민국 예비역들의 제2의 고향

Story 08 고성 / 해 뜨는 동해안의 최북단 마을

Story 01

DMZ의 안과 밖

세계 유일의 분단국인 우리나라에는 전 세계 어디에서도 찾아볼 수 없는 아주 특별한 땅이 존재한다. 휴전선을 따라 설치된 동서 길이 248킬로미터, 남북 폭 4킬로미터의 비무장지대가 그것이다. 한반도의 허리를 휘감은 벨트와도 같은 이 땅의 이름은 DMZ. 남과 북이 체제의 명운을 걸고 대결하는 죽음의 땅이자, 온갖 동식물들이 스스로 번성하는 생명의 땅이다. 이 땅은 어떻게 생겨나고 어떻게 변화해왔을까?

DMZ가 위치한 전방을 사람들은 흔히 일상의 공간과 분리해서 생각한다. 그러나 전방은 그 지역만의 독특한 삶의 방식과 분위기가 있는 것은 사실이지만, 우리의 일상에서 결코 그렇게 멀리 떨어져 있지 않다.

한강이 바로 휴전선

1천만 서울시민, 아니 2천만 수도권 사람들의 젖줄인 한강은 서울을 통과한 후에 고양시와 파주시의 서쪽을 흘러 곧장 서해로 들어간다. 그런데 서해로 진입하기 직전의 한강이 바로 휴전선이고 DMZ다.

서울을 동서로 가로지른 한강은 고양시를 지나 파주시로 진입하기 직전에 북쪽으로 방향을 선회한다. 그리고 얼마 지나지 않아 북에서 남으로 곧장 내려오는 임진강과 정면으로 마주친다. 이렇게 남과 북의 옥토를 적시고 목마른 사람들의 갈증을 풀어주는 두 강이 바다로 들어가기 직전 하나로 합쳐지는 지점이 바로 파주시의 오두산 통일전망대와 자유로 성동IC 인근이다. 여기서부터 한강은 임진강을 품고 다시 방향을 바꾸어 서해 쪽으로 곧장 내달리는데, 이때는 이름마저 조강(祖江)으로 바뀐다. 514킬로미터를 한시도 쉬지 않고 달려온 한강이 마침내 할아버지강으로 변하는 것이다.

그런데 이 조강이 바로 남과 북의 휴전선이다. 비유적인 표현이 아니라 엄연한 사실이다. 강의 중심부를 연결하는 선이 바로 남과 북의 군사분계선이며, 강의 양안에는 철책이 둘러쳐져 있다. 강의 남쪽은 김포시요, 북쪽은 북한의 개풍군이다. 파주의 오두산 통일전망대에 오르면 조강이 발아래로 내려다보이는데, 그 물줄기 자체가 남과 북의 휴전선이다.

그렇다면 이 지역의 민통선은 어디서부터 시작될까? 강의 북쪽을 기준으로 설명하면 행주산성에서부터 민통선이 시작된다. 서울시와 고양시의 경계인 가양대교 밑에서 출발한다면 자동차로 5분 거리다. 여기서부터 한강은 남북의 양안에 철책을 두르고 있고, 민간인들은 이 철책 안에 들어갈 수 없다. 이 철책 때문에 한강의 하구에는 배가 다닐 수 없고, 한때 수많은 나루들을 거느리고 있던 항구도시 서울은 완전히 내륙 도시가 되어버렸다. 1조 원에 달하는 어마어마한 돈을 들여 경인운하를 만든 것도 이처럼 한강 하구에 배가 다닐 수 없기 때문이다. 이렇게 분단의 상처는 우리의 지척에 놓여 있다.

북한강의 최상류는 금강산

강원도 태백의 검룡소가 남한강의 발원지라는 사실은 비교적 널리 알려져 있지만, 북한강의 첫 시작점이 금강산에 있다는 사실은 잘 알려져 있지 않다. 금강산에서 발원한 북한강은 남쪽으로 흐르면서 금강천, 수입천, 화천천과 합쳐지며 춘천에서 소양강과 합류한다. 이어서 다시 남서방향으로 흘러 가평천, 홍천강, 조종천과 차례로 합류하고, 경기도 양평군 양수리의 두물머리에 이르러 마침내 남한강과 만난다. 이렇게 보면 서울과 인근의 수백만, 아니 수천만 인구가 마시는 한강의 수돗물에는 금강산에서부터 유유히 흘러온 샘물도 포함되어 있는 셈이다. 그렇다면 북한강을 거슬러 올라 금강산까지 가볼 수 있을까?

오늘날 민간인이 자유롭게 찾아갈 수 있는 북한강의 최북단 상류는 강원도 화천에 있는 평화의 댐 부근이다. 평화의 댐 이북은 민통선 안쪽이라서 허가받지 않은 민간인은 출입할 수 없다. 이 민통선보다 더 북쪽의 한강은 당연히 DMZ와 북한 땅을 흐르고 있으니 눈으로 보기 어렵다.

이로써 한강은 꼬리가 잘려나가고 머리 또한 사라진 기이한 형국이 되었다. 강이 스스로 그렇게 된 것이 아니라 사람들이 그렇게 만든 것이다. 그렇다면 언제부터 한강은 이렇게 머리와 꼬리가 없는 이상한 강이 된 것일까?

민통선 안의 북한강

화천에 주둔한 전방 부대의 수색대 병사들이 민통선 안쪽의 북한강을 모터보트로 수색하고 있다. 서울에서 양수리를 지나 북한강을 따라 거슬러 올라가다 보면 화천에 있는 평화의 댐에 이른다. 여기서부터 더 북쪽으로는 민간인의 출입이 통제되는 민통선이고, 민통선을 지나 더 북상하면 DMZ다. 그 위쪽에 북한이 있고 북한강의 발원지인 금강산이 있다.

© Choi Tae Sung

38선의 탄생과 고착화

제2차 세계대전의 전범국 일본이 패망의 기운에 휩싸이기 시작한 1945년 2월, 미국, 영국, 소련의 지도자들이 크림 반도에 위치한 소도시 얄타(Yalta)에 모였다. 이들은 전쟁 종료 후 한반도에 주둔한 일본군의 무장해제를 위해 미군과 소련군을 파견하기로 하되, 북위 38도선 이북은 소련군이 맡고 그 남쪽은 미군이 담당하기로 결정했다. 이 결정에 따라 1945년 8월 해방이 되자마자 소련군이 곧바로 평양에 입성했고, 미군도 같은 해 9월 초에 서울에 들어왔다. 그리고 북위 38도선을 기준으로 남과 북에서 각자 일본군의 무장해제 임무를 수행했다.

이처럼 애초의 38선은 단순히 소련군과 미군의 작전구역을 구분하는 기준선으로 탄생한 것이었다. 하지만 시간이 지나면서 사정이 급격히 달라졌다. 38선 이남에서는 여러 정당과 사회단체들이 정치적 주도권을 놓고 서로 다투고 있었던 반면, 이북에서는 민족주의 세력을 물리치고 소련의 지원을 등에 업은 공산주의 세력이 힘을 얻으면서 독주 체제를 구축했다. 이로써 남과 북은 정치적으로 서로 다른 길을 걷기 시작했다. 그러던 1945년 12월, 모스크바에 모인 미국, 영국, 소련의 외무장관들은 신생국가인 조선은 국가를 건설하고 유지할 능력이 없다며 신탁통치를 결정했다. 미국, 영국, 소련, 중국, 이 네 나라가 최고 5년 동안 한반도를 대신 통치한다는 것이 이 결정의 핵심 내용이었다. 해방 후 당연히 우리 민족만의 새로운 독립국가를 건설할 꿈에 부풀어 있던 한반도의 백성들은 일제히 이 신탁통치 결정에 반대하는 운동에 나섰다. 하지만 신탁을 결정한 당사자인 소련의 지시를 받은 공산주의자들이 신탁통치 반대에서 찬성으로 입장을 바꾸면서 한반도에서는 신탁통치에 반대하는 민족주의 세력과 이에 찬성하는 공산주의 세력의 대결이 본격화되었다.

Public Domain

알타 회담의 3국 지도자들

1945년 2월, 얄타에 모인 미국, 영국, 소련의 지도자들은 한반도에 남은 일본군의 무장해제를 위해 북위 38도선을 기준으로 소련군과 미군을 투입하기로 결정했다. 비극의 선 38선은 그렇게 한반도의 주인들이 그 이름조차 들어보지 못한 낯선 곳에서 어느 날 갑자기 태어났다.

이처럼 38선을 기준으로 남북으로 의견이 크게 갈린 가운데 미국과 소련은 1946년 3월 서울에서 모스크바 3상회의의 결정을 실행하기 위한 추가 회담을 개최했다. 이 회담에서 소련은 모스크바 3상회의의 결과를 지지하는 정당이나 단체만 참여시켜 새로운 정부를 출범시키자고 주장했다. 이는 한반도에 신탁통치에 찬성하는 공산주의자들의 정권을 세우자는 주장과 다를 바 없었다. 당연히 미국은 이에 반대했고, 신탁통치에 찬성하든 반대하든 모든 정당과 단체들을 참여시켜 정부를 출범시켜야 한다고 맞섰다. 신탁통치에 반대하는 비공산주의 세력이 수적으로 훨씬 많았기 때문에 이는 결과적으로 한반도에서 공산주의 정권의 탄생을 막는 방법이기도 했다. 세계 전체를 공산화할 꿈에 부풀어 있던 소련이 이에 찬성할 리 없었다. 이처럼 소련과 미국의 입장은 서로 크게 달라서 회담은 성과 없이 결렬되었다. 1947년 5월에도 회담이 열렸으나 역시 아무런 성과가 없었다.

소련과의 회담을 통해 한반도 문제를 해결할 수 없다고 판단한 미국은 결국 이 문제를 유엔(UN)총회에 회부했고, 유엔은 9개국으로 구성된 임시위원단의 감시 아래 남북한 동시 총선거를 실시하여 통일 독립 정부를 세우기로 결정했다. 하지만 소련은 남북한 동시 총선거를 실시할 경우 인구가 적은 북한이 불리하다는 이유로 임시위원단의 북한 진입 자체를 아예 봉쇄해버렸다. 이에 유엔은 1948년 2월, 총선거가 가능한 지역에서만이라도 선거를 실시하여 정부를 구성하도록 재차 결의했다. 이 결정에 따라 1948년 5월 10일 남한만의 단독 총선거가 실시되어 제헌의회 의원들이 선출되었다. 이들은 헌법을 제정해 반포한 후 초대 대통령으로 이승만을 선출했으며, 대통령이 된 이승만은 1948년 8월 15일 마침내 대한민국 정부 수립을 선포했다. 유엔은 다시 총회를 열어 대한민국 정부가 한반도의 유일한 합법 정부임을 인정했다.

그러나 북한은 유엔의 결정 따위는 안중에도 없다는 듯 1948년 9월 9일 김일성을 주석으로 하는 조선민주주의인민공화국을 별도로 수립했다. 이로써 미소 양국 군사작전의 구분선으로 만들어진 38선은 동서 냉전의 흐름에 휩쓸리면서 정치적 경계선으로 변질되었고, 마침내 체제를 완전히 달리하는 남북한 정권의 경계선이자 서로 넘을 수 없는 민족 분단의 선으로 고착되었다.

해방과 함께 그어진 38선은 서부에서는 개성 위쪽을, 중부에서는 춘천 위쪽을, 그리고 동부에서는 양양 아래쪽을 지나고 있었다. 이에 따라 6·25전쟁 이전에 개성은 남한에 속해 있었다. 반면 춘천보다 북쪽에 위치한 연천, 철원, 화천, 양구 지역과, 양양을 포함하여 이보다 북쪽에 위치한 인제, 속초, 고성 지역은 모두 북한에 속해 있었다. 철원에 북한의 노동당사가 남아 있고, 고성에 김일성 별장이 남아 있는 것은 이들 지역이 6·25전쟁 이전까지 북한 정권이 지배하던 지역이었기 때문이다. 이들 지역은 지금도 전방이라 불리는 곳이고, 남과 북이 여전히 가장 첨예하게 대립하고 있는 접경 지역이다.

휴전선, 군사분계선, DMZ, 그리고 민통선

1950년 6월 25일, 한반도 전체의 공산화라는 망상을 품은 북한의 인민군이 38선을 넘어 남침을 감행했다. 전쟁에 대비하지 못한 남한은 삽시간에 서울을 빼앗기고 낙동강전선까지 후퇴했다. 하지만 이내 유엔군의 지원을 얻어 반격을 시작했고, 서울을 수복한 뒤 다시 38선을 넘어 북진을 계속했다. 1950년 10월 1일, 동부전선의 3사단과 수도사단이 최초로 38선을 돌파했고, 이어 10월 5일에는 6사단이 춘천에서 38선을 넘었다. 10월 7일부터 11일 사이에는 7·8·1사단이 각각 38선을 돌파했다. 특히 춘천에서 38선을 최초로 돌파한 6사단의 경우 10월 26일에는 마침내 압록강까지 도달했다. 6사단 7연대 1대대 장병들은 치열한 전투 끝에 압록강 인근에 자리 잡은 초산을 점령했고, 1중대 장병들은 곧장 압록강으로 달려가 강변에 태극기를 꽂았다. 이어 수통에 압록강 물을 담아 이승만 대통령에게 보냈다. 6사단은 이날의 감격을 잊지 않기 위해 지금도 해마다 10월 26일이 되면 압록강 진격 기념식 행사를 개최한다. 6사단 7연대의 부대 명칭이 초산부대인 것도 이들이 초산을 점령하고 압록강까지 진출하는 전승을 거둔 부대이기 때문이다.

이렇게 통일이 멀지 않은 것 같은 분위기에 찬물을 끼얹은 것은 1950년 10월 19일부터 시작된 중공군의 개입이었다. 중국이 북한을 돕기 시작하면서 우리 군대와 유엔군은 다시 퇴각하기 시작했다. 이어 휴전이 성립되는 날까지 남북은 현재의 휴전선을 중심으로 치열한 공방전을 이어갔다. 휴전의 기운이 감돌기 시작하면서 한 치의 땅이라도 더 탈환하기 위한 공방전이 연일 가열되었다. 고지를 뺏고 빼앗기는 전투가 날마다 치열하게 계속되는 와중에도 어쨌든 1953년 7월 27일 유엔군 사령관과 북한군 및 중공군 사령관이 정전협정을 체결함으로써 전쟁은 정지되었다. 통일을 염원한 남한은 이 협정에 서명하지 않았다. 그리고 이 정지 시점을 기준으로 남한과 북한 사이에는 휴전선이 생겨났다. 더 정확히 말하면 정전협정에 따라 군사분계선(MDL, Military Demarcation Line)이 설정되고 비무장지대(非武裝地帶)를 의미하는 DMZ(Demilitarized Zone)가 생겨났다.

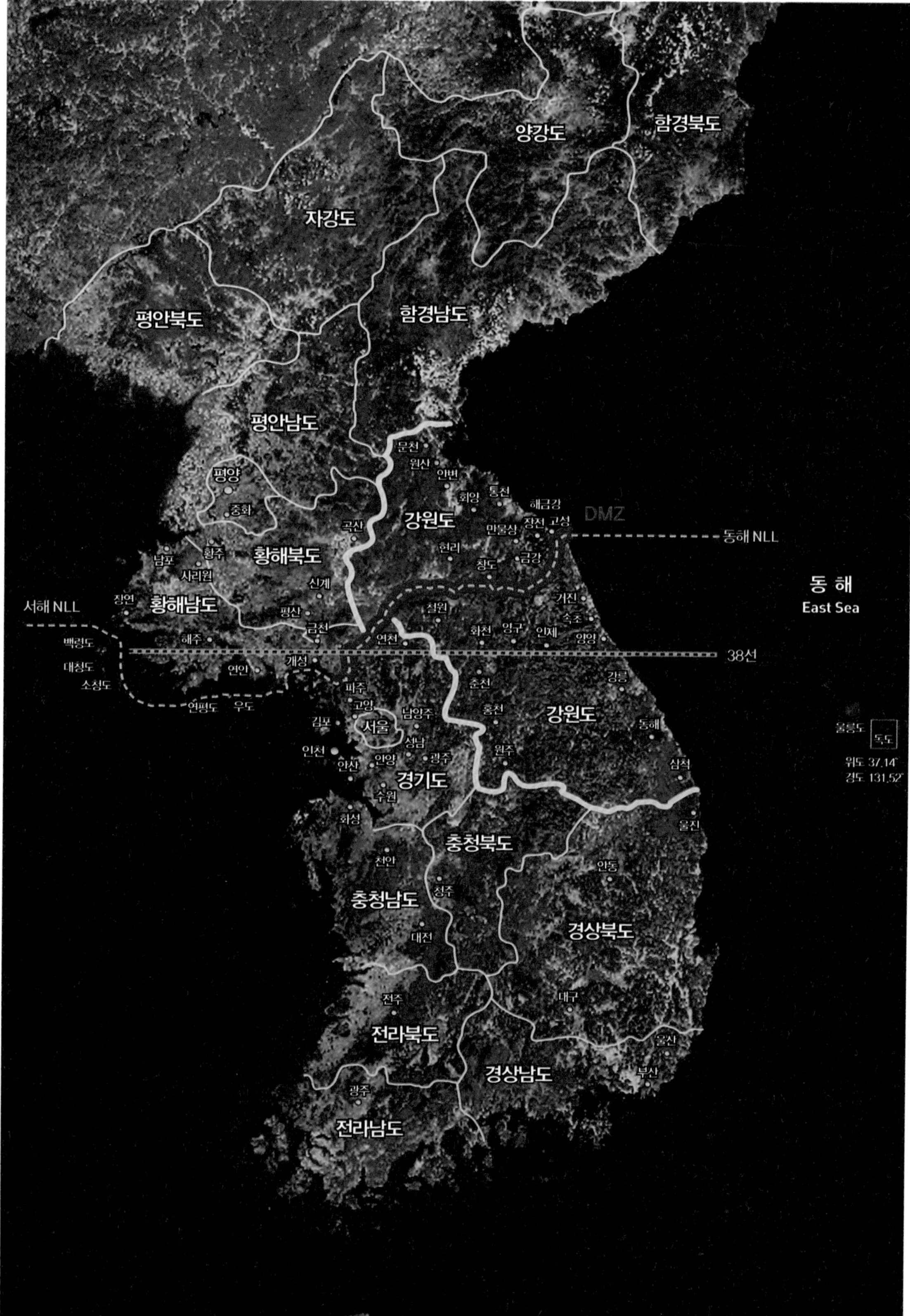

38선과 군사분계선(일명 휴전선)

연산
봉산
신계
사리원
황해북도
승화
신천
장연
장산곶
황해남도
용연
봉천
개성직할시
토산
서해NLL
벽성
해주
청단
옹진반도
배천
개풍
연안
사곶
백령도
개성
판문
대청도
소청도
등산곶
강화
김포
연평도
우도
인천광역시

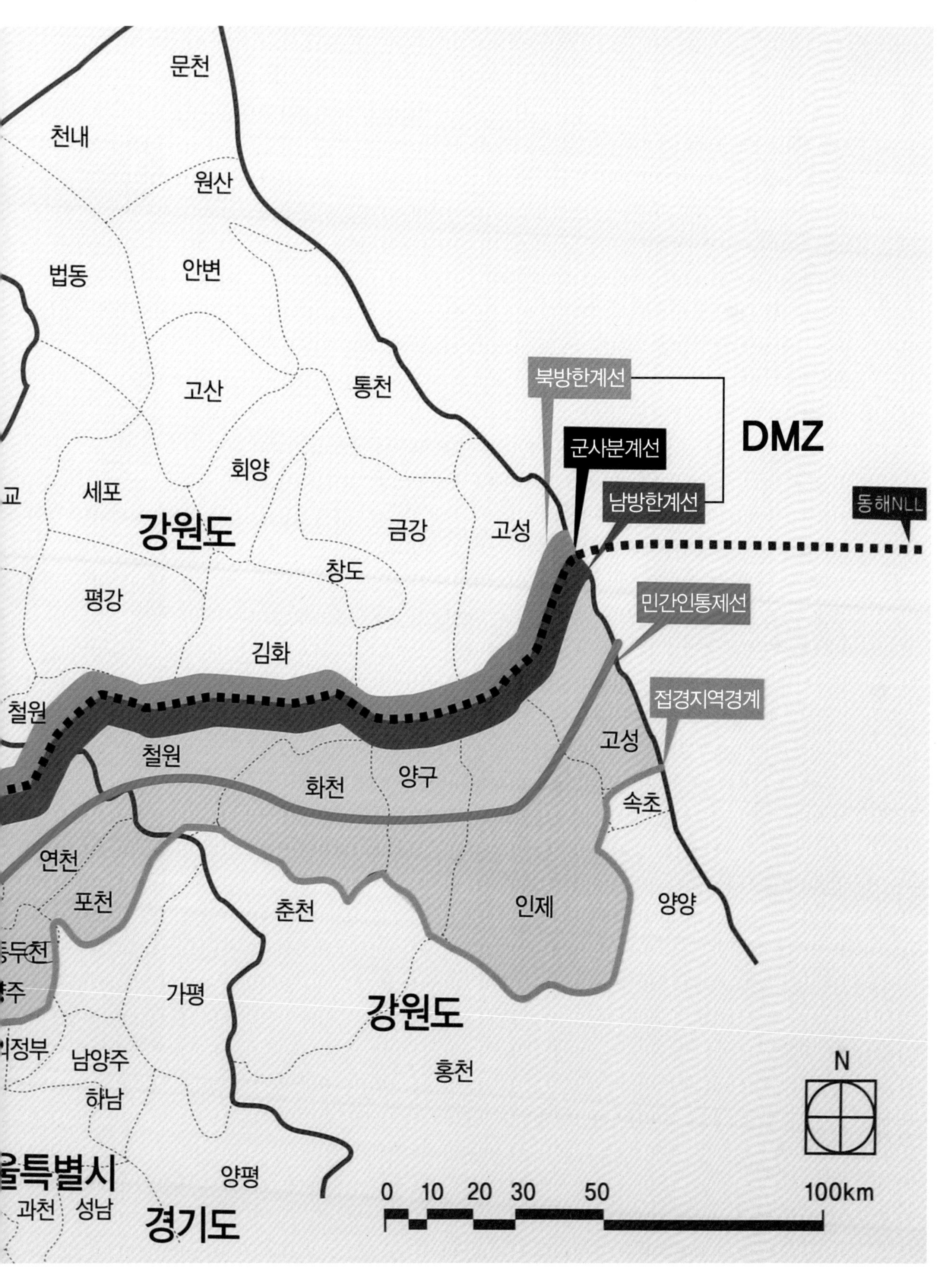

문천
천내
원산
법동
안변
고산
통천
북방한계선
DMZ
군사분계선
회양
교
세포
남방한계선
동해NLL
강원도
금강
고성
창도
평강
민간인통제선
김화
철원
접경지역경계
철원
고성
화천
양구
속초
연천
포천
춘천
인제
양양
가평
강원도
남양주
홍천
하남
N
양평
0
10
20
30
50
100km
과천
성남
경기도

정전협정에 따라 미군과 북한군은 한반도 서쪽 임진강 강변에 '0001호' 팻말을 세웠다. 이것이 군사분계선, 곧 MDL의 시작점이다. 이어 남과 북이 접전을 벌이던 지역의 중간 지점을 따라 동해안에 이르기까지 약 200미터 간격으로 모두 1,292개의 말뚝을 세우고 군사분계선 표지판을 설치했다. 155마일(248킬로미터)에 이르는 거리였다. 이 말뚝들을 잇는 선이 남한과 북한 사이의 군사분계선, 곧 MDL이다. 이 당시 설치된 말뚝과 표지판들은 초기에는 남북한 병사들이 수리를 하거나 페인트칠을 다시 하기도 했다. 그러나 시간이 흐르면서 남북의 누구도 손을 대지 못한 채 방치되기에 이르렀고, 그 결과 지금은 대부분이 사라져 없거나 남아 있다 해도 찾기 어렵다.

이렇게 설치된 MDL을 기준으로 남과 북은 각각 2킬로미터의 거리를 물러나서 북방한계선과 남방한계선을 설정했다. 이로써 탄생한 폭 4킬로미터, 길이 248킬로미터의 구역이 DMZ다. 이 DMZ를 관리하는 기구는 유엔군 측 대표단 5명과 공산군 측 대표단 5명으로 구성된 군사정전위원회이며, 판문점에 소재하고 있다.

DMZ의 외곽 담장 구실을 하는 것이 북방한계선과 남방한계선이다. 북한이 관리하는 북방한계선의 경우는 나무와 풀을 제거하고 사람이 지나갈 경우 발자국이 남도록 만든 일종의 통행 불가 도로의 형태가 대부분이고, 남방한계선의 경우는 2중이나 3중의 철책으로 서쪽 끝에서 동쪽 끝까지 이어져 있다.

남방한계선 철책으로부터 다시 5~15킬로미터 남쪽으로 민간인 통제선이 설정되어 있다. 서쪽 끝에서 동쪽 끝까지 모든 구간에 철책이 설치된 것은 아니고 도로가 있는 곳마다 초소가 설치되어 민간인의 출입을 통제한다. 남방한계선과 민통선 사이의 구역에는 군인들만 존재하는 것은 아니다. 일부 민간인들도 존재한다. 소위 민통선 마을에 사는 사람들이 그들이다. 또 민통선 바깥에 거주하면서 농사 등을 위해 민통선을 매일 넘나드는 사람들도 있다.

© Paik Chul

군사분계선(MDL) 표지판

서해안에서 동해안에 이르기까지 한반도의 허리에는 이런 간판 1,292개가 설치되었다. 남과 북의 군사적 경계선이며, 이 선으로부터 남쪽과 북쪽으로 2킬로미터씩 떨어져 설치된 또 하나의 선이 남방한계선과 북방한계선이다. 이로써 탄생한 폭 4킬로미터, 길이 248킬로미터의 구역이 바로 DMZ다. 사진은 고성에 있는 강원도 DMZ박물관에 전시되어 있는 군사분계선 표지판이다.

민통선은 시대가 변하면서 전체적으로 북상하는 중이다. 주민들의 편의를 위해 민통선 초소가 점점 더 남방한계선 가까이 북쪽으로 옮겨지고 있는 것이다. 이에 따라 한때는 민통선 마을이었던 곳이 민통선 바깥의 마을로 바뀌기도 한다. 예를 들어 3년 전에도 민통선 마을이었던 철원의 양지리는 최근 민통선 바깥의 마을로 바뀌어 누구나 자유롭게 출입할 수 있는 곳이 되었다. 천새 도래지이자 독수리가 날아드는 토교저수지를 끼고 있는 마을이어서 늦겨울이면 이를 찾는 관광객들이 부쩍 늘었다.

세월이 흐르면서 움직이는 건 민통선만이 아니다. 북방한계선과 남방한계선도 점차 군사분계선(MDL) 쪽으로 서서히 움직여왔다. 북한은 애초에 설치된 북방한계선을 넘어 좀 더 유리한 고지들을 연결하는 새로운 선을 그리기 시작했고, 우리 군도 이에 대응하기 위해 남방한계선의 철책을 북으로 옮겼다. 이를 추진철책이라고 부른다. 이로써 DMZ의 면적은 점차 줄어들었고, 남북한 병사들의 총구 사이 거리도 그만큼 줄어들었다.

GP, GOP, FEBA

DMZ와 철책선 일대를 지키는 부대를 최전방 부대라고 한다. 이들은 한반도의 서쪽 끝에서 동쪽 끝까지 사단별로 일정한 구역을 맡아서 DMZ와 남방한계선 철책 일대의 수색 및 경계 작전 임무를 수행하는데, 최전방 사단에 속한 연대나 대대가 주둔한 위치가 어디냐에 따라 각 부대의 역할과 명칭, 임무가 달라진다.

먼저 남방한계선, 곧 철책을 경계하는 임무를 맡은 부대를 흔히 GOP(General Outpost) 부대라고 한다. 우리말로는 일반전초다. 주력부대의 전방에 배치되어 적을 관측하거나 적의 기습을 방어하는 역할을 수행하는 GOP 부대는 남방한계선 철책에 대한 경계를 주임무로 하는 부대다. 이 GOP 부대에 속한 병사들이 총을 들고 철책을 지키고 있는 것이다. 이들은 대개 소대 규모 단위로 모여서 생활하는데, 가장 작은 규모의 부대와 주둔지를 흔히 소초라 부르고 소초장이 지휘한다. 여기에 속한 병사들은 정해진 근무시간에 정해진 초소에서 교대로 경계근무를 선다.

GOP 부대에 속한 병사들이라고 21개월 복무 기간 내내 철책만 지키는 것은 아니다. 이들은 일정한 기간 동안에만 철책 경계 임무를 수행하고, 정해진 기간이 지나면 다시 민통선 바깥의 주둔지로 이동하여 훈련 등을 실시한다. GOP 근무 기간에는 경계를 서는 것이 주임무고, 나머지 기간에는 상대적으로 후방인 지역에서 훈련을 하는 것이 주임무인 셈이다. GOP 경계를 서지 않는 기간에 이 부대의 부대원들이 주둔하는 민통선 바깥의 지역을 흔히 페바(FEBA, Forward Edge of Battle Area)라고 부른다. 이곳에 주둔한 부대를 의미하기도 하며, 우리말로는 전투지역전단이라고 한다. GOP 경계 임무가 더 편하다는 병사도 있고, 페바에서의 훈련이 차라리 더 좋다는 병사도 있어서 서로 복무 강도의 우열을 가리기는 쉽지 않다.

한편, 정전협정에 따르면 DMZ 내에서는 군인들의 활동이 불가능하다. 비무장지대라는 용어 자체가 이 지역에서의 군사적 행동을 금지한다는 의미다. 하지만 현실은 그렇지 못하다. 이 지역에 대한 경계나 수색작전을 하지 않을 경우 DMZ는 고스란히 북한군의 독무대가 되어 우리 군에 엄청난 불이익을 안겨줄 수 있기 때문이다. 이에 우리 군은 유엔의 승인 아래 DMZ 내에도 소규모 기지를 운영하고 있다. 이를 흔히 GP(Guard Post)라고 부르며, 우리말로는 경계초소 또는 감시초소라고 한다. 이 초소들은 군사분계선 이남과 남방한계선 북쪽 사이의 고지 등에 설치되어 있는데 마치 중세의 작은 성 모양으로 되어 있다. GOP연대의 수색중대에 소속된 병사들이 일정한 기간을 정하여 교대로 이 GP에 들어가 적을 감시하는 임무를 수행한다. 북한군 역시 우리의 GP에 해당하는 민경초소를 운영하고 있으며, 이들 적 GP와 아군 GP 사이의 거리는 500미터밖에 되지 않는 경우도 있다. 이론적으로는 소총으로도 상대를 사살할 수 있는 거리다.

또 사단 직할의 수색대대 병사들은 남방한계선 철책을 넘어 수시로 DMZ 내부에서 수색이나 매복, 정찰 활동을 벌인다. 북한의 병사들 역시 DMZ 내에서 수색이나 정찰 활동을 벌이기 때문에 서로 충돌할 여지가 있고, 그만큼 수색대 병사들의 긴장은 말로 형언하기 어렵다.

GP와 병사들

DMZ의 안쪽, 군사분계선과 남방한계선 철책 사이에는 GP로 불리는 소규모 기지가 설치되어 있다. 이곳은 유엔사령부의 관할에 속하는 지역이어서 GP에는 태극기와 더불어 유엔기가 함께 걸려 있다. 각 전방 부대의 수색중대 병사들이 이 외딴 내륙의 섬에서 일정 기간을 정해 근무하면서 적의 동태를 살핀다.

섬 속의 섬, GP의 병사들

DMZ가 한반도에 있는 육지의 섬이라면, DMZ 안에 외로이 서 있는 GP는 섬 속의 섬이다. 이 외로운 섬의 작은 건물 안에서 병사들이 DMZ 안과 그 너머의 적들을 감시하고 있다.

DMZ 안의 수색대 용사들

DMZ 안은 전쟁의 상처와 때 묻지 않은 자연이 공존하는 혼돈의 땅이다. 아무것도 확신할 수 없는 이 불안한 땅을 지키기 위해 오늘도 수색대 용사들은 오로지 자신과 소수의 동지들에게 생명을 의지한 채 DMZ 안을 누비고 있다.

헌병
MP

어둠이 내리는 철책

철책 경계근무에는 휴일도 없고 휴식시간도 없다. 6·25전쟁은 일요일 새벽에 시작되었다.
어둠이 내리기 시작하는 남방한계선 철책에서 병사들이 근무지로 이동하며 철책의 이상 여부를 꼼꼼하게 살피고 있다.

Story 02

파주

DMZ를 건너는 오솔길

서울에서 가장 가까운 접경지역 가운데 하나가 파주다. 인천과 김포 역시 접경지역이지만 군사분계선 팻말이 설치된 엄밀한 의미의 DMZ는 파주에서부터 시작된다. 이곳에는 남북을 잇는 육로와 철도가 있고, 길이 248킬로미터의 DMZ 가운데 유일하게 남과 북이 선 하나를 사이에 두고 얼굴을 맞댄 JSA(공동경비구역)도 있다. 오늘도 개성과 서울 사이에는 트럭이 오간다. 모든 길이 끊어졌을 때에도 유일하게 오솔길을 남겨둔 곳이 파주다.

서울 한복판인 시청 앞에서 경기도 고양시 초입에 있는 행주산성까지의 거리는 채 20킬로미터가 되지 않는다. 교통체증만 아니라면 20분 이내에 갈 수 있는 거리다. 그리고 이처럼 지척에 위치한 행주산성에서부터 남북 분단의 생생한 현장을 직접 눈으로 확인할 수 있다. 한강 하구를 경계하고 감시하기 위한 철조망이 여기서부터 시작되는 것이다.

행주산성에서 임진각까지

행주산성을 출발하여 철책을 좌측에 끼고 북쪽 방향으로 자유로를 따라 달리다 보면 이내 우측으로 일산 시가지가 나타난다. 이어 한강의 가장 하류에 위치한 다리인 일산대교가 나타나고, 논과 밭이 잠시 이어지는가 싶더니 장월IC 표지판이 보인다. 이 부근에서부터 파주시가 시작된다. 이어 멋들어진 건물들이 줄줄이 늘어선 파주 출판도시가 나타난다. 이때까지의 자유로가 서북쪽을 향해 달려온 것이라면 여기서부터는 곧장 북쪽으로 직진한다. 좌측으로 함께 달리는 한강도, 철책도 마찬가지다.

출판도시를 지나면 문발IC가 나오고, 여기서 조금만 더 가면 곡릉대교를 건너게 된다. 이 곡릉대교 일대의 한강변은 한때 재두루미가 날아오는 지역이었다. 시베리아와 만주 등에서 여름을 나고 겨울에 우리나라와 일본 등에서 월동하는 철새인 재두루미는 거대하면서도 우아한 모습으로 사람들의 눈길을 사로잡는 대표적인 겨울 철새다. 키가 127센티미터에 달해 어지간한 아이만큼 크고, 검은색, 회색, 흰색의 털과 붉은색의 눈 가장자리가 과감하게 붓칠을 한 그림처럼 대조를 이뤄 보는 이들의 찬탄을 자아낸다.

전쟁 전에는 수천 마리가 넘는 재두루미들이 한반도에서 월동을 했다고 하지만, 이제는 찾아보기조차 쉽지 않은 새가 되었다. 1968년부터 천연기념물로 지정하여 보호하고 있는 이 재두루미가 가장 많이 날아와 월동을 하던 곳이 바로 곡릉대교 일대의 '한강 하류 재두루미 도래지'다. 많을 때는 1,500마리 이상의 재두루미들이 날아와 이곳에서 월동을 하거나 이곳을 거쳐 일본으로 날아갔다고 한다. 하지만 1974년 팔당댐이 완공되고 한강의 수로와 수위 등이 달라지면서 식생이 변했고, 그 결과 먹이를 구하기 어렵게 되자 재두루미들은 더 이상 이곳을 찾지 않게 되었다. 1975년부터 이 지역 자체를 천연기념물로 지정하여 보호하고 있지만 여기서 더 이상 재두루미를 보기는 쉽지 않다. 이동철에 이따금 소수의 재두루미들이 들렀다가 실망하고 떠나는 곳이 되었다.

곡릉대교를 건너 10여 분을 더 달리면 통일동산이 보인다. 오두산통일전망대가 있는 곳이다. 전망대에서는 한강과 임진강이 하나로 합쳐져서 서해로 빠져나가는 모습을 볼 수 있다. 전망대에서 서쪽 정면으로 보이는 강 건너의 땅은 김포의 가장 북쪽 마을인 시암리 일대고, 약간 방향을 돌려 서북쪽으로 보이는 강 건너의 땅은 북한의 개풍군 하조강리 마을이다.

자유로의 철책

서울과 경기도 서북단의 파주를 잇는 2개의 길이 자유로와 통일로다. 이 길들은 임진각에서 하나로 합쳐진 뒤 판문점을 지나 북한의 개성으로 향한다. 남과 북을 잇는 오솔길인 셈이다. 사진은 자유로변에 설치된 철책으로, 한강이 아니라 임진강 강변에 세워진 것이다.

오두산통일전망대

한강과 임진강이 만나는 지점의 동쪽 기슭에 있는 전망대다. 발아래로 한강과 임진강이 만나 조강으로 바뀌고 서해로 흘러가는 모습이 보인다. 이 전망대 북쪽의 강은 한강이 아니라 임진강이고, 그 건너는 북한 땅이다. 판문점까지 20분 거리에 있다.

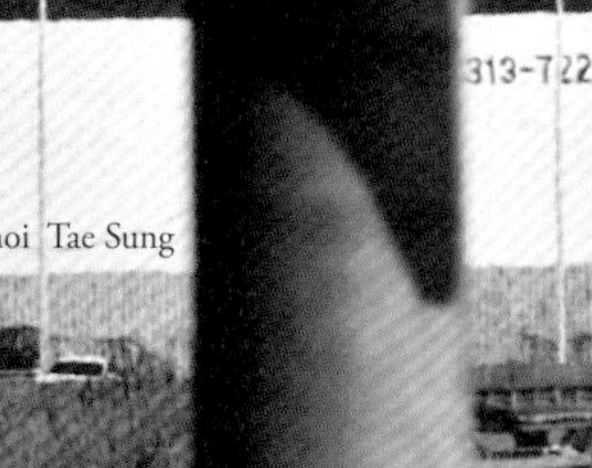

© Choi Tae Sung

안개 속의 임진강변

이곳은 DMZ와 우리의 남방한계선 철책이 시작되는 파주의 최서단이다. 한강 하구와 임진강을 거친 군사분계선(MDL)이 최초로 상륙하는 곳이며, 물길을 따라 침투하는 적들을 가장 먼저 찾아내야 하는 지점이다. 안개 속에서 눈과 귀는 물론 오감을 긴장한 채 초병이 경계를 서고 있다.

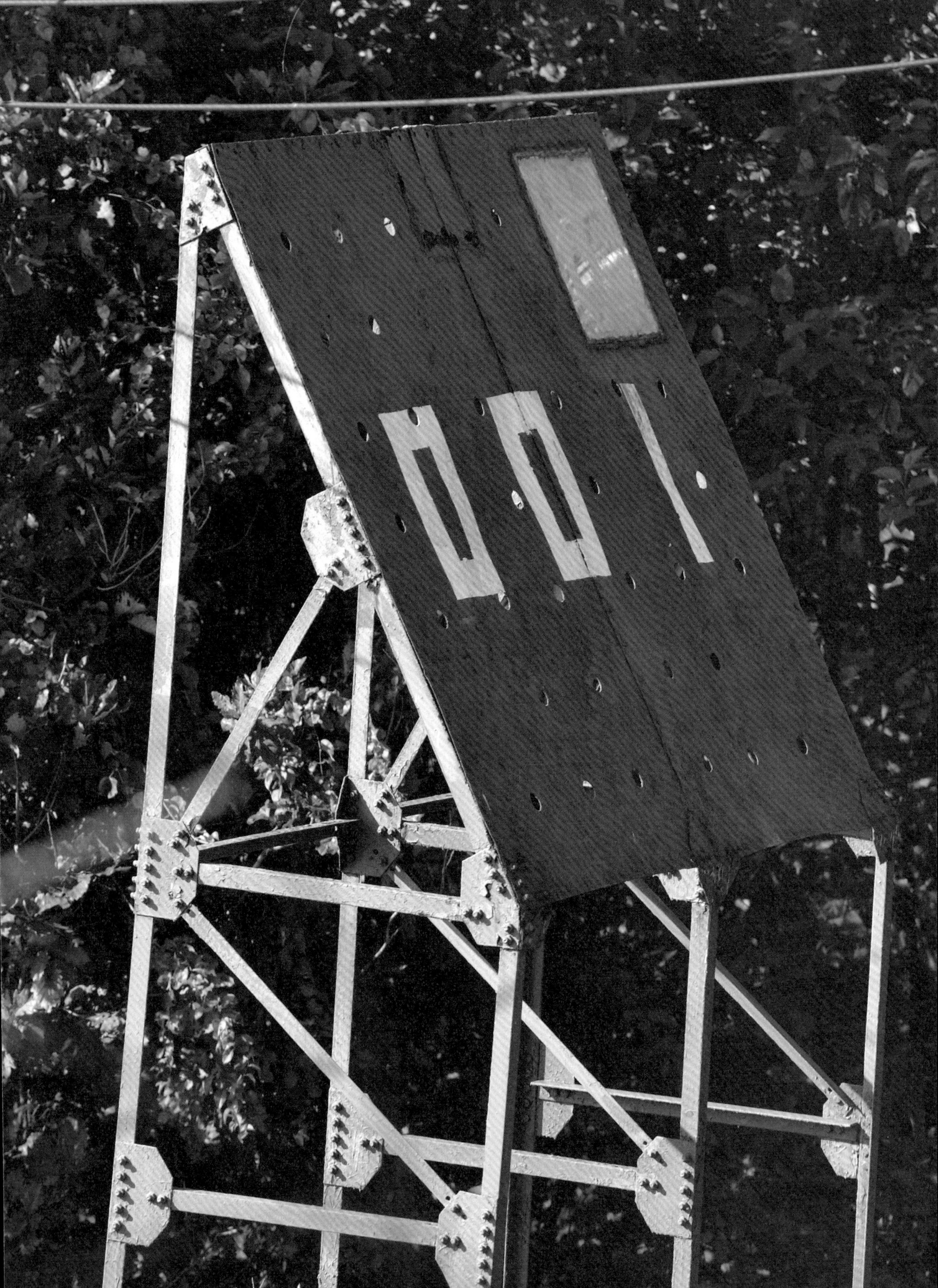

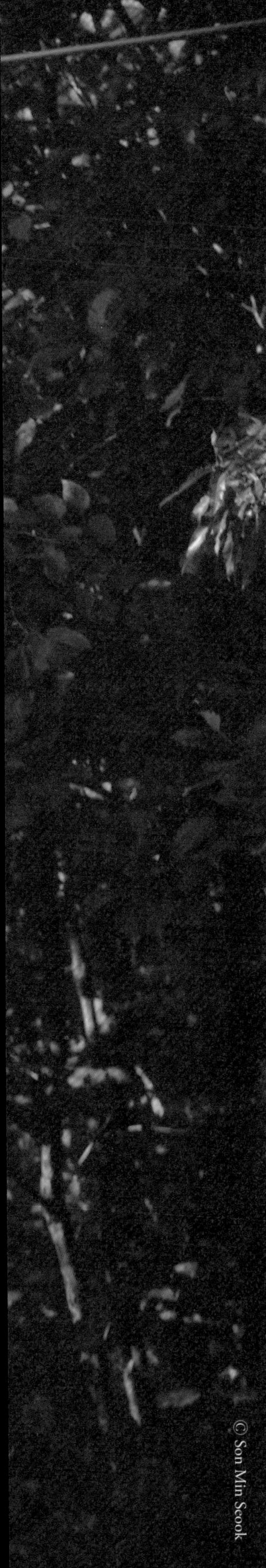

자유로에서 통일동산과 금촌으로 빠져나가는 성동IC를 지나면서 좌측으로 보이는 강은 더 이상 한강이 아니라 임진강이다. 그 강 건너로 민둥산들이 보이는데 북한의 개풍군에 속하는 지역이다. 또 여기서부터 본격적으로 남과 북의 군사분계선이 시작된다. 군사분계선은 한강과 임진강이 합쳐진 조강의 가운데를 따라 서해에서 오두산통일전망대 바로 앞까지 이어지고, 여기서 다시 임진강으로 이어진다. 조강과 임진강 하류의 강심이 곧 군사분계선이고, 강의 북안과 남안이 곧 북방한계선과 남방한계선이다. 자유로 옆 철조망 저쪽의 임진강 건너가 바로 북한 땅이다. 따라서 통일동산 이북 지역의 임진강 강변은 모두 민간인 통제선 안쪽이 된다. 임진강 강심을 따라 동북쪽으로 이어지던 군사분계선은 자유로 성동IC와 낙하IC의 중간쯤에서 강의 북쪽으로 상륙한다. 파주시 장단면에 속하는 지역인데, 여기에 최초의 0001호 군사분계선 말뚝이 설치되었다. 육상으로 올라간 군사분계선은 판문점까지 곧장 북진하다가 동쪽으로 방향을 돌린다. 이렇게 파주 서부의 휴전선은 동서가 아니라 대체로 남북 방향으로 설정되어 있고, 병사들은 북쪽이 아니라 서쪽을 향해 경계를 선다.

0001호 군사분계선 말뚝이 있던 곳에서 동쪽으로 2킬로미터 떨어진 지점의 임진강 북쪽 강안에서부터 우리 군의 남방한계선 철책도 본격적으로 시작된다. 1사단 GOP 부대의 병사들이 경계를 서고 있는 첫 번째 초소 옆에는 오렌지색 바탕에 흰색으로 숫자 '001'이 쓰인 대형 표지판이 세워져 있다. 비행기의 월경을 방지하기 위한 안내 표지판이다. 이곳 파주의 최서단에서 동해안에 이르기까지 GOP 라인을 따라 이런 표지판들이 수백 개 설치되어 있다.

낙하IC를 지나고 문산 시가지와 황희 선생의 유적지인 반구정을 지나면 이내 자유로는 임진각 관광지에 도착한다. 자유로로 불리는 길도 여기서 끝이다.

001호 월경 방지 표지판

남방한계선에는 남쪽 항공기들의 월경을 방지하기 위해 이런 표지판들이 수백 개 세워져 있다. 사진은 파주 최서단의 GOP 초소 옆에 세워진 월경 방지판이다. 남방한계선 철책이 여기서부터 시작된다.

경의선 철도와 자유의 다리

자유로가 끝났다고 모든 길이 끊어진 것은 아니다. 먼저 서울과 신의주를 연결하던 경의선 철도가 있다. 서울-개성-사리원-평양-신의주를 연결하던 이 철도는 우리나라 관서 지방을 관통하는 종관철도(縱貫鐵道)로서 그 길이가 518.5킬로미터에 달한다. 러일전쟁이 시작된 1904년 일본군이 군사적인 목적을 위해 건설하기 시작했다. 1906년 4월 3일에 용산-신의주 간 철도가 완전 개통되었고, 1908년 4월 1일에는 부산-신의주 간 직통 급행열차인 융희호(隆熙號)가 운행되기 시작했다. 그 후 중일전쟁을 계기로 복선화가 진행되었다.

한반도를 강점한 일본은 경의선을 통해 자신의 세력을 만주로까지 확장했다. 1911년에는 압록강 철교를 가설하고 안봉선 등의 만주철도를 경의선과 같은 표준 궤도로 개축함으로써 부산에서 출발한 열차가 직통으로 펑톈[奉天, 중국 선양(瀋陽)의 옛 이름], 창춘(長春)까지 달릴 수 있도록 만들었다. 우리가 지금 비행기로 가는 중국의 도시들을 일제 때는 기차를 타고 갔다는 의미다. 1930년대에는 일본의 세력 범위가 중국 본토로까지 확대되자 서울에서 베이징(北京)에 이르는 직통열차도 운행되었다. 국제 연락운수도 활발하여 서울에서는 경의선과 만주철도, 시베리아철도를 경유하여 영국 런던까지 갈 수 있는 기차표를 판매하기도 했다.

해방 이후에도 38선 이남에 위치했던 개성까지는 경의선 열차가 다녔다. 그러다 전쟁 중이던 1951년 6월 12일 운행이 완전히 중단되었다. 2000년 6월 남북정상회담이 평양에서 열린 후 경의선 복원 사업이 논의되었고, 2003년 6월 14일 군사분계선(MDL)에서 남북의 경의선을 다시 잇는 연결식이 열렸다.

© ROKA

임진각

자유로 끝에 임진각 국민관광지가 있다. 민간인들이 검문 없이 가볼 수 있는 파주의 가장 북쪽 땅이다. 사진 속에 보이는 강은 임진강이고, 다리는 경의선 철교다. 철교 건너의 땅은 남한 쪽 민통선 안이며, 여기서 북쪽으로 조금만 올라가면 개성이다.

북쪽의 경의선은 지금도 북한 내 여객수송의 60%, 화물수송의 90%를 담당하고 있다. 경의선 복원이 실질적으로 완료되면 남북 교류가 더 활발해지고 북한의 사회기반시설을 구축하는 데에도 큰 역할을 담당하게 될 것이다. 또 남한은 중국으로 가는 물류비를 크게 줄일 수 있고, 중국·러시아·유럽의 철도와 연결되면 그 기대 효과는 더욱 커질 것이 분명하다. 그러나 서울역에서 출발한 열차가 평양에 도착하기까지 얼마나 더 많은 시간이 걸릴지는 아직 아무도 알 수 없다.

현재 남한의 경의선 전철은 서울역이나 공덕역에서 출발하여 파주의 문산역을 종점으로 한다. 하지만 문산역 이후에도 운천역과 임진강역이 있고 민통선 안에 도라산역이 있다. 도라산역을 지나면 이내 남방한계선을 넘게 되고, 조금 더 가면 군사분계선 코앞의 장단역 자리에 도달한다. 장단역을 지나면 개성공단 바로 앞의 판문역과 봉동역이고, 여기서 더 가면 개성시에 도착한다. 지난 2007년 12월 문산역과 봉동역 사이에 화물열차 운행이 시작되었으나 이듬해 11월 남북 관계의 경색으로 열차 운행은 다시 정지되었다.

지금 남한의 열차가 마지막으로 운행되는 역은 도라산역이며, 일반 탑승객이 아니라 사전에 신청한 안보관광객들을 위한 열차만 제한적으로 운행된다.

임진각 관광지에 위치한 임진강역에서 출발한 열차가 도라산역까지 가기 위해서는 우선 임진강을 건너야 한다. 예전에도 그랬고 지금도 그렇다. 이를 위해 설치된 다리가 임진강철교다. 일제 때의 임진강철교는 상행선과 하행선이 분리되어 2개의 다리로 존재했다. 그러나 전쟁 중에 두 다리 모두 폭격으로 무너지고 교각만 남게 되었으며, 휴전과 함께 북한에 포로로 잡힌 유엔군과 국군을 송환하기 위해 하행선 교각 위에 임시로 인도교를 가설했다. 북한쪽 경의선을 통해 기차로 다리 앞에 도착한 1만 2,773명의 포로들은 걸어서 이 다리를 건너 남한으로 귀환했다. 이렇게 1만 명 이상의 포로들이 자유를 찾아 남으로 넘어온 다리임을 기념하기 위해 이 다리를 '자유의 다리'로 부르게 되었다. 2002년 경의선을 복구하면서 새로운 철길을 놓았고, 그 옆에는 옛 경의선 상행선 철교의 무너진 교각들이 아직도 남아 있다.

도라산 일대와 제3땅굴

파주에서 개성으로 가는 길은 경의선 철도 외에 1번 국도도 있다. 이 도로 역시 일제 강점기에 건설이 시작되었으며, 목포에서 서울을 거쳐 신의주에 도달하는 총 연장 1,068킬로미터의 우리나라 대표 국도다. 서울을 지나고 파주를 통과한 1번 국도는 임진각 바로 옆에 있는 통일대교 앞에서 일단 멈춘다. 이 다리 건너의 북쪽에 자리 잡은 지역은 모두 민통선 안에 속하기 때문에 일정한 출입 절차를 거쳐야만 통과할 수 있다. 통일대교를 건넌 1번 국도는 판문점을 통과한 후 개성 시내로 곧장 이어진다.

통일대교를 건너 민통선 안으로 들어서면 좌측으로 잘 정비된 마을 하나가 나타난다. 민통선 마을 가운데 하나인 통일촌이다. 파주시 군내면에 속하고, 장단콩으로 유명한 마을이다. 군내면 남쪽의 장단면 지역은 예부터 콩 농사로 유명했던 곳이며, 지금은 통일촌 사람들이 이 지역에서 콩 농사를 짓고 각종 장류를 제조하여 관광객들에게 판매한다. 1970년대 초반부터 제대한 군인들을 모아 만든 통일촌은 하루 평균 2,000여 명의 안보관광객들이 찾는 유명한 마을이기도 하다. 통일촌을 지나면 좌측으로 도라산역이 나타나고, 이어 역시 좌측으로 도라전망대와 제3땅굴 가는 길이 보인다.

도라산역은 코레일이 관리하는 경의선의 마지막 역이며 남방한계선 철책에서 고작 700미터 떨어진 거리에 위치하고 있다. 임진강역에서 5분 거리에 있지만, 이 역을 다시 복구하는 데에는 장장 52년의 세월이 걸렸다. 남북은 경의선 복원을 합의하면서 애초에는 군사분계선에 인접한 장단역을 복원할 계획이었다. 하지만 이것이 취소되면서 신설된 역이 도라산역이다. 이 역을 지나면 장단역, 판문역, 손하역, 봉동역을 거쳐 개성역에 다다르게 된다.

통일대교

1번 국도는 임진강의 이 다리를 건너 북으로 이어진다. 다리 건너 좌측으로 민통선 마을과 도라산역 일대가 보이고, 그보다 북쪽으로 대성동 마을이 보인다. 사진 위쪽에 보이는 산은 개성의 송악산이다.

개성공단

도라전망대에서 망원경으로 바라보면 개성공단의 간판 글씨까지 자세히 보인다. 사진 오른쪽 아래 작은 봉우리 위에 있는 북한군 초소가 눈에 띈다. 파주가 그런 것처럼 개성 역시 한반도의 최전방 마을이다.

2002년 2월 12일, 한국전쟁 이후 최초로 임진강을 건너가는 특별 망배열차(望拜列車)가 도라산역까지 운행되었다. 같은 해 2월 20일에는 김대중 대통령과 미국의 조지 W. 부시(George W. Bush) 대통령이 이 역을 방문하여 연설하고 철도 침목에 서명하는 행사를 열었다.

이 역 전체가 경의선 철도 남북 출입사무소여서 역 구내에는 출입경관리소가 있고, 국제공항과 유사하게 보안검색대, 출입경심사대, 세관 등이 자리하고 있다. 그러나 아직 남북을 잇는 정기 열차가 없기 때문에 현재는 사용되지 않는다.

총 길이 1,635미터의 제3땅굴은 1978년 6월에 발견되었고 파주시 군내면 점원리에 위치하고 있다. 이 땅굴은 그 위치가 서울에서 불과 52킬로미터 거리에 있기 때문에 규모면에서는 제2땅굴과 비슷하나 서울로 침투하는 데 있어서는 제1땅굴이나 제2땅굴보다 훨씬 더 위협적인 것으로 평가되었다. 서울에서 승용차로 45분이면 도착할 수 있는 거리에 있다.

땅굴의 규모는 폭 2미터, 높이 2미터 정도이며, 시간당 3만 명의 병력이 이동할 수 있다. 2002년 이후 셔틀 엘리베이터와 도보 관람 코스가 만들어져 누구나 쉽게 견학할 수 있다. 다만 사전에 셔틀 엘리베이터 탑승권을 미리 구매해야 한다.

제3땅굴 바로 위의 도라산 정상에 자리 잡은 도라전망대는 서부전선 군사분계선 최북단에 위치한 전망대다. 예전의 송악산OP(Observation Post)(관측소)를 개량하여 1987년 1월부터 일반에 개방하고 있다. 전망대에는 망원경 수십 대가 설치되어 있으며, 육안으로도 개성공단의 모습이 손에 잡힐 듯 가깝게 보인다. 또 개성 변두리의 모습이 선명하게 보이고, 송악산과 장단역, 북한의 선전마을인 기정동 마을과 김일성 동상도 보인다. 도라산역에서 개성공단으로 뻗어 있는 경의선 철길과 1번 국도는 발아래 밟힐 듯이 가깝다.

도라전망대가 있는 도라산은 신라의 천년 사직을 들어 고려의 왕건에게 바치고 그의 맏딸 낙랑공주와 결혼하여 개성에서 살던 경순왕의 한이 서린 곳이다. 낙랑공주는 울분으로 침통해하는 경순왕을 위로하기 위해 암자를 지어주었고, 경순왕은 날마다 암자가 있는 이 산에 올라 경주 쪽을 바라보며 눈물을 흘렸다. 이로부터 도라(都羅)라는 산의 이름이 생겨났다고 한다. 도라전망대에 올라 밟을 수 없는 북녘 땅을 내려다보며 지금도 눈물을 흘리는 실향민들이 적지 않다. 천 년 전 경순왕이 흘렸던 눈물에 이들의 눈물이 보태져서 임진강 물빛은 더욱 푸르기만 하다.

JSA와 판문점

제3땅굴과 도라전망대를 지나면 곧바로 남방한계선이다. 그리고 이 선을 넘으면 DMZ 안쪽이다. 판문점 일대가 아닌 다른 지역의 DMZ에서라면 수색대 병사들이 아닌 이상 DMZ 안쪽으로 진입하는 경우는 상상하기 어렵다. 하지만 여기서는 군인들뿐만 아니라 외국에서 온 관광객들도 이 선을 넘어 군사분계선에까지 접근할 수 있다. 남과 북의 군인들이 서로의 눈빛까지 알아볼 수 있을 정도로 지척에서 서로를 경계하는 곳, 남과 북의 농민들이 개울 하나를 사이에 두고 저마다 농사를 지으며 일상을 이어가는 곳, 이곳의 이름은 공동경비구역 JSA(Joint Security Area)다. 흔히 판문점이라고 부르는 지역이다.

JSA는 경기도 파주시 진서면의 비무장지대 안쪽 군사분계선 위에 위치하고 있다. 군사정전위원회의 회의를 원만히 운영하기 위해 1953년 10월에 설정한 지역으로, 동서 800미터, 남북 400미터의 장방형 모양으로 되어 있다. 북한의 행정구역으로는 개성직할시 판문군 판문점리에 해당한다.

판문점은 6·25전쟁 전에는 널문이라는 지명의 동네였으며, 초가집 몇 채만 있던 외딴 마을이었다. 1951년 이후 이 작은 마을에서 휴전회담이 진행되면서 세계적으로 널리 알려졌다. 처음에 천막을 치고 시작한 휴전회담은 무려 1년 9개월을 끌었고, 회담을 마친 뒤 정전협정 조인식을 위해 부근에 목조건물을 지었다가 이후 1킬로미터 남쪽의 현재 위치로 옮겼다.

JSA가 설치된 직후 쌍방 군사정전위원회 관계자들은 구역 내에서 자유로이 왕래할 수 있었다. 하지만 1976년 8월 도끼만행사건 이후로는 양측의 충돌 방지를 위해 JSA 내에도 군사분계선을 표시하여 경비병을 포함한 모든 군인들은 이 선을 넘지 못하도록 했다. 그러나 근무 기간이 오래된 사병들은 안면이 있는 북한 병사와 수시로 대성동 마을 부근과 판문점 내 감시카메라가 닿지 않는 곳에서 담배와 술을 주고받는 등 접촉을 하기도 한 것으로 알려져 있다. 이런 에피소드를 소재로 한 영화가 배우 이영애 등이 출연한 〈공동경비구역 JSA〉다.

Public Domain

1951년의 판문점

판문점은 6·25전쟁 전에는 널문이라는 지명의 외딴 마을이었다. 1951년 이후 이 작은 마을에서 휴전회담이 진행되면서 세계적으로 널리 알려졌다. 처음에 천막을 치고 시작한 휴전회담은 무려 1년 9개월을 끌었고, 회담을 마친 뒤 정전협정 조인식을 위해 부근에 목조건물을 지었다가 이후 1킬로미터 남쪽의 현재 위치로 옮겼다.

판문점 가는 길

군사정전위원회가 설치된 공동경비구역(판문점) 일대의 경비는 JSA경비대대가 맡고 있다. 선 하나를 사이에 두고 북한군과 마주하는 이 부대는 병사들 중에서도 최고의 병사들만을 골라 부대를 편성한다.

도라전망대

1사단이 운영하는 파주 최전방의 전망대다. 신라의 마지막 임금이었던 경순왕의 한이 서린 도라산 위에 세워져 있고, 판문점을 방문하는 외국인들의 필수 견학 코스이기도 하다. 전망대에 나붙은 "분단의 끝, 통일의 시작"이라는 문구처럼 통일의 기운이 본격적으로 싹트기 시작한다면 가장 먼저 남북이 왕래할 지역이다.

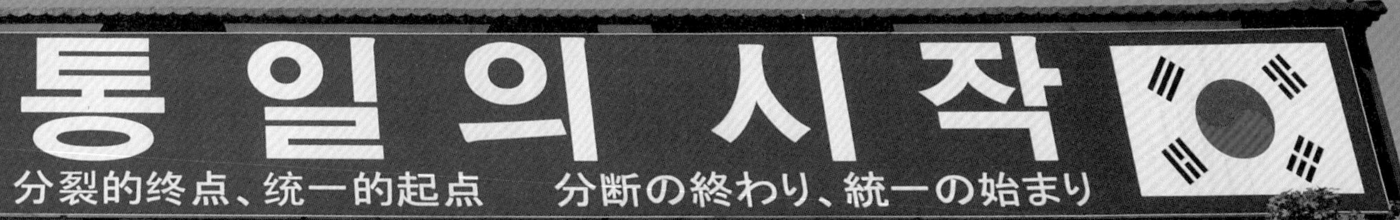
통일의 시작
分裂的终点、统一的起点　分断の終わり、統一の始まり

도라전망대를 찾은 외국인 관광객들

도라전망대는 하루 수백 명이 찾는 파주의 대표적인 관광지가 되었다. DMZ와 그 건너의 개성공단 등이 한눈에 보이는 곳이다.

⑪ 송악산
⑬ 극락봉
⑭ 개성공단숙소
⑫ 북한 기정동마을
⑮ 대성동마을
개성시 Gaeseong-si 开城市 ケソン市
⑨ 김일성동상 Statue of Kim IL Seong 金日成铜像 金日成銅像
⑩ 사천강 Sacheongang(River) 西川江 西川河
⑪ 송악산 Song-aksan(Mt.) 松岳山 ソンアク山
⑫ 기정동 Kijeongdong 机井洞 ギジョン洞
⑬ 극락봉 Geuknakbong(Peak.) 极乐峰 グクラク峰
⑭ 개성공단 숙소 Gaeseong Industrial Complex Residence 开城工业园区宿舍 ケソン公団宿舎

© Son Min Seok

판문점의 중국인 관광객들

6·25전쟁 당시 우리의 최대 적이었던 중공군의 후예들이 오늘도 수백 명씩 판문점 관광에 나서고 있다. 당시의 적이었던 남한 땅에 와서 당시의 동지였던 북한군 병사들을 건널 수 없는 선 너머로 바라보는 이들의 심정은 어떨까?

JSA에는 모두 24개의 크고 작은 건물들이 세워져 있다. 우선 군사분계선 위에 동서 방향으로 일곱 채의 조립식 막사가 있는데 모두 각종 회의실로 쓰이는 건물들이다. 이 회의실 안에서 군사분계선은 장방형의 회의용 탁자 한가운데를 지나고 있으며, 마이크선과 탁자 위에 놓인 유엔기 및 북한의 깃발이 이를 상징한다. 이 기준선을 넘어가면 북한 땅인 셈이다.

이 밖에 남쪽에 '자유의 집'과 '평화의 집'이 있고, 북쪽에 '판문각'과 '통일각'이 있다. 또 JSA의 서쪽 사천(砂川)에는 민족 분단의 상징인 '돌아오지 않는 다리'가 남아 있다. 군사분계선을 가로지르는 이 다리로는 한때 포로 송환이 이루어졌고, 남북의 적십자사 요원들이 통행하기도 했다. 그러나 지금은 버려진 다리로 남아 있다. JSA에는 이런 시설들 외에 세상에서 가장 특이하다고 할 만한 2개의 마을이 있다. 남쪽의 대성동 마을과 북쪽의 기정동 마을이다.

"오늘은 누가 오셨나?"

판문점 남측에 일단의 외국인 관광객들이 나타나자 판문각 앞의 북한군 병사가 망원경을 들어 살펴보고 있다.

군사정전위원회 회의실

판문점에 세워진 이 푸른색 조립식 막사가 남북한은 물론 유엔과 중국 등이 회의를 여는 공간이다. 남한 병사의 허리 좌측으로 보이는 시멘트 경계선이 남과 북의 군사분계선, 곧 MDL이다.

T 3
United Nations Command
Military Armistice Commission
(UNCMAC)
Staff Conference Building

© Son Min Seok

막사 내부

남북한 사람들 가운데 먼저 막사에 진입한 쪽이 건물을 이용한다. 남한 사람들이 들어가 있는 동안에는 북한군이 들어오지 않고, 북한 사람들이 들어가 있는 동안에는 남한 병사들이 들어가지 않는 식이다. 가운데 가로로 길게 놓인 탁자의 중앙이 군사분계선이다. 따라서 정면으로 보이는 병사는 지금 엄밀한 의미에서 보자면 북한 쪽 땅에 들어가 있는 셈이다. 막사 안에서는 군사분계선을 넘을 수 있다.

JSA
CAMP
JSA

JSA 경비대대와 병사

이 지역은 본래 유엔군이 관할하던 곳이지만 최근에는 소수의 인력만 남아 있고 한국군 병사들이 지키고 있다.

JSA 경비대대 병사들의 태권도 훈련

JSA에서는 중화기의 소지가 금지된다. 따라서 돌발 상황이 발생할 경우 육탄전을 각오해야 한다. 이를 위해 JSA 경비대대 병사들은 태권도와 특공무술을 훈련한다.

판문점을 지키는 병사들

JSA 경비대대는 중화기의 소지가 금지되지만 전쟁 발발에 대비한 훈련을 받는다. 가장 먼저 적을 상대할 병사들이기에 신속함이 생명이다.

ⓒ Son Min Seok

시가지 전투 훈련

한반도에서 다시 전쟁이 일어난다면 많은 전투들은 산이나 계곡이 아니라 시가지의 건물들 사이에서 벌어질 것이다. 이에 대비해 JSA경비대대 병사들이 시가지 전투 훈련을 하고 있다.

대성동 마을

남한에서 유일하게 DMZ 안쪽, 아니 JSA 내에 위치한 특수한 마을이 대성동 마을이다. 일명 자유의 마을로도 불린다. 이 마을과 북쪽의 기정동 마을은 1953년 체결된 정전협정서의 "남북 비무장지대에 각각 한 곳씩 마을을 둔다"는 규정에 따라 그해 8월 3일 설치되었다. 휴전 당시 기준으로 파주시 군내면 조산리에 주소지를 둔 사람의 직계만 거주할 수 있었고, 이 지역을 관할하는 책임자는 유엔군 사령관이다. 지리적 입지만 독특한 것이 아니라 일종의 치외법권 지대라고 할 수 있다. 실제로 이 마을의 주민들은 병역과 납세의 의무를 지지 않는다. 하지만 이런 특혜만 있는 것은 아니다. 유엔사령부의 엄격한 정책과 규정이 이들의 일상을 통제하고 있다. 예를 들어, 이 마을의 주민권을 유지하기 위해서는 1년에 최소한 8개월 이상 거주해야 하고, 밤 11시 이후에는 통행이 금지된다. 결혼을 한 여성은 마을을 떠나야 하고, 같은 마을의 여성과 결혼한 남자도 마을을 떠나야 한다. 새로이 마을 주민으로 편입될 수 있는 사람은 오로지 외부에서 대성동 마을로 시집을 오는 여자와 새로 태어나는 아이들뿐이다. 또 주민들이 유엔사 소속 군인들에게 폭언을 하거나 불경한 행동을 할 경우 4개월간 추방령이 내려지는데, 이는 사실상 주민권의 박탈과 같은 조치다.

현재 대성동 마을에는 50여 가구 200여 명의 주민들이 살고 있으며 초등학교가 하나 있다. 일반인들이 이 마을에 방문하는 것은 특별한 경우가 아니면 불가능하다. 친척이나 직계 가족들만이 유엔사의 허락을 받아 출입할 수 있다.

대성동 마을과 기정동 마을

휴전협정에 따라 생겨난 특수한 마을들이며, DMZ 안에 자리 잡은 남과 북의 선전 마을이다. 남한의 대성동 마을(위 사진)에 100미터 높이의 국기게양대가 설치되자, 북한은 기정동 마을(아래 사진)에 이보다 60미터 더 높은 인공기게양대를 만들었다. 세계에서 세 번째로 높다는 이 게양대에는 대성동 마을의 태극기보다 두 배 이상 큰 깃발이 펄럭인다.

© Son Min Seok

© Son Min Seok

임진강의 꽃, 초평도

통일대교를 통해 북쪽으로 임진강을 건넌 후 12번 군도를 따라 우측으로 길을 잡으면 이내 덕진산성에 다다르게 된다. 임진강 북안의 높지 않은 언덕에 자리 잡은 이 산성은 고구려가 처음 토성으로 쌓았고, 나중에 통일신라가 다시 석축으로 쌓은 것이다. 65미터의 언덕 위에 있지만 밑으로 임진강이 흐르고 건너로도 높은 산들이 없어 전망이 탁 트여 있다.

덕진산성 위에서 바라보면 임진강 하류의 가장 큰 섬인 초평도가 발아래 내려다보인다. 초평도는 함경남도 마식령의 산골짜기에서 출발한 임진강이 북녘의 산하와 비무장지대를 거친 후 마침내 한강과 합쳐지기 직전 유속이 느려지면서 퇴적물이 쌓여 생긴 섬이다. 면적은 176만 5,000제곱미터에 이르고, 60년 동안 민통선으로 묶여 사람의 발길이 닿지 않은 섬이다. 당연히 자연 그대로의 모습이 비교적 잘 보전되어 있으나 지금도 불발탄 및 지뢰 등으로 인해 접근하기 어려운 섬이다. 덕진산성 위에서 바라보는 초평도는 임진강 하구에 핀 한 떨기 꽃처럼 아름답다. 파주시와 경기도는 이 일대에 생태공원을 조성 중이고, 해마다 봄부터 가을까지 자전거 마니아들을 불러들여 DMZ 자전거 투어를 선보이고 있다. 이 투어에 참가하면 임진각 관광지에서 통일대교를 건너고 군내삼거리를 지나 초평도 일원까지 둘러볼 수 있다.

자전거 길

초평도가 있는 임진강 남안의 철책 길을 1사단 병사가 자전거로 지나고 있다. 강변이어서 길이 평지고, 초소 사이의 거리가 멀어서 자전거가 제격이다. 이 지역은 조만간 철책이 사라지고 대신 파주시와 경기도가 이곳에 자전거 길을 만들 계획이다.

© Son Min Seok

임진강 남쪽에서 본 초평도

초평도는 임진강 하구에 만들어진 강물 위의 섬으로, 풍광도 뛰어나지만 생태적으로 가치가 높은 섬이다. 강물 건너로 보이는 지역이 초평도다.

덕진산성에서 동쪽으로 조금 더 들어간 진동면 하포리에는 『동의보감(東醫寶鑑)』을 남긴 허준의 묘가 있다. 1991년에 발견되었으며, 발견 당시 묘는 이미 도굴의 화를 입은 후였다. 그러나 다행히 깨진 비석에서 허준의 이름을 확인할 수 있었다. 그의 부인과 생모의 무덤도 같은 묘역에 함께 있다.

허준의 묘에서 약간 북서쪽으로는 또 하나의 민통선 마을인 해마루촌이 있다. 이 마을은 지난 2001년부터 사람이 살기 시작한, 다시 말해 가장 최근에 생겨난 민통선 마을이다. 60여 채의 서구식 전원주택이 들어섰고, 마을 전체가 높은음자리표 모양으로 조성되었다. 환경부가 지정한 자연생태 우수마을이자 경기도가 지정한 우수 체험마을이고 농협이 지정한 팜스테이(Farm Stay) 마을이기도 하다. 각종 농촌 체험 관광이 가능하여 1박을 하며 머무는 관광객들도 적지 않다. 사전에 마을 홈페이지와 전화 등을 통해 예약을 해야 한다.

© Son Min Seok

허준의 묘

임진강 북쪽, 파주의 민통선 안에 있는 의성 허준의 묘다. 도굴의 화를 입고 오랫동안 방치되었다가 1990년대 초에 발견되었다.

설마리 전투 이야기

전쟁 발발 이듬해인 1951년 새해가 되면서 중공군은 서울을 재탈환하고 유엔군을 한반도에서 완전히 철수시킬 목표를 세운다. 이를 위해 1월과 2월에 나름대로 대공세를 펼쳤으나, 결과는 실패였다. 이에 중공군은 2개월의 시간을 더 들여 본국으로부터 추가 병력을 지원받고 물자 보급도 받았다. 무려 70만의 중공군이 한반도에 진주했다. 4월이 되자 이들은 마침내 다섯 차례에 걸친 춘계 대공세를 시작했다. 중서부전선 전체에 걸쳐 진행된 이 춘계 대공세의 주요 작전 가운데 하나는 파주의 적성에서 임진강을 건넌 다음 곧장 서울의 관문인 동두천으로 향한다는 것이었다.

당시 적성 일대의 임진강 방어 임무를 맡은 부대는 영국군 29여단이었고, 상대는 중공군 3개 사단이었다. 인해전술을 앞세워 끝없이 밀려오는 중공군 앞에서 영국의 29여단 병사들은 죽기 살기로 자리를 지켰다. 특히 적성에서 동두천으로 가기 위해 반드시 거쳐야 하는 길목인 설마리에 주둔하고 있던 글로스터셔 연대(Gloucestershire Regiment) 제1대대의 병사 652명은 그 열 배도 넘는 적에게 사방으로 포위된 채 나흘간이나 혈전을 멈추지 않았다. 그러나 안타깝게도 글로스터셔 연대 제1대대 역시 여단의 다른 부대들과 마찬가지로 결국 고지를 내어준 채 퇴각하지 않을 수 없었다. 나흘간의 혈투 끝에 전장에서 무사히 탈출한 글로스터셔 연대 제1대대의 영국군 병사는 67명에 불과했다. 이 전투에서 글로스터셔 연대 제1대대의 병사 59명이 전사했고, 나머지는 모두 포로가 되었다.

이처럼 설마리에서 중공군과 영국군이 맞붙은 전투는 결국 중공군의 승리로 돌아갔다. 하지만 글로스터셔 연대 제1대대의 병사들이 이들의 진격을 나흘이나 저지했기 때문에 의정부 등지에 주둔하고 있던 다른 연합군들이 서울 사수 준비를 할 여유를 되찾게 되었고 실제로 서울을 지켜낼 수 있었다. 머나먼 타국의 험준한 산골짜기에 고립된 채 나흘간이나 혈투를 벌인 영국군 병사들의 희생과 용기를 기리기 위해 인근 마지리 파평산 계곡에는 영국군 전적비가 건립되어 있다.

이 전적비는 1957년 6월에 국군 25사단과 영국군이 함께 세운 것으로, 당시 전투에 참가한 병사이자 훗날 다큐멘터리 감독과 산업디자이너로 세계적인 명성을 날린 아널드 슈워츠먼(Arnold Schwartzman)이 디자인했다. 한국에 와서 살고 있는 영국인들에게 이 전적비가 세워진 파주의 마지리와 설마리 일대는 성지와 같은 곳이다. 해마다 4월이면 참전용사들과 주한 영국인, 국군 25사단 병사들과 파주시 관계자 등이 모여 기념식을 연다. 전적비를 세운 지 50주년이 되던 지난 2007년에는 전적비를 디자인한 아널드 슈워츠먼이 직접 다녀가기도 했다.

전적비는 여느 전적비와 달리 현장의 돌들을 모아 탑처럼 쌓아서 만들었고, 주변의 바위 및 나무들과 어울려 그 자체로 하나의 예술품으로 승화되었다. 등록문화재로 지정되었고, 파주시 적성면 마지리 산 2-2번지에 위치하고 있다.

설마리 영국군 전투 전적비

영국군 글로스터셔 연대 제1 대대의 혈투를 기념하는 전적비로, 파주시와 경기도는 이 일대를 영국군 기념 공원으로 조성할 계획이다. 지금도 한국에 거주하는 영국인들에게는 성지로 여겨지는 곳이다.

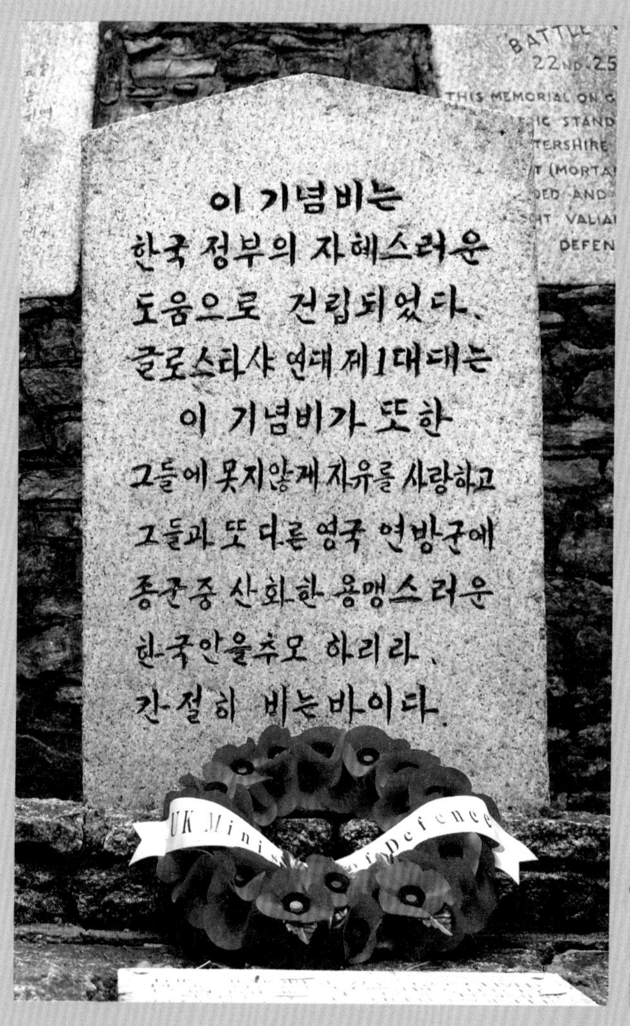
이 기념비는
한국 정부의 자혜스러운
도움으로 건립되었다.
글로스타샤 연대 제1대대는
이 기념비가 또한
그들에 못지않게 자유를 사랑하고
그들과 또 다른 영국 연방군에
종군중 산화한 용맹스러운
한국인을추모 하리라.
간절히 비는바이다.

Story 03

연천

상처 위에 새살이 돋는 땅

연천은 그 어느 지역보다 전쟁의 상흔이 깊은 땅이다. 백마고지 전적비를 포함한 수많은 전적비들이 연천 곳곳에 세워져 있고, 연천읍의 가장 중심에 있는 연천역의 급수탑에는 지금도 총탄 자국이 선명하다. 임진강은 이 상처받은 땅을 북에서 남으로 유유히 흐르며 곳곳에 절경과 명승지를 만들어냈다. 기암절벽과 눈부신 신록의 대지, 맑고 푸른 물이 아름다운 이곳은 오늘도 새로운 생명을 잉태하느라 이 땅에서 가장 큰 고통을 감내하며 안간힘을 쓰고 있다.

자유로 당동IC에서 빠져나와 동쪽으로 길을 잡으면 얼마 지나지 않아 왼쪽에 임진강이 나타나고 오른쪽에는 율곡 이이가 여생을 보냈다는 화석정이 보인다. 임진강 일대의 아름다운 풍광을 조망할 수 있는 언덕 위에 세워진 정자다. 왜구의 침공에 대비해 10만 양병설을 주장한 이이의 상소를 받아들이지 않았던 선조가 임진왜란 때 의주로 피난을 가던 중 한밤중에 강을 건너면서 이 정자를 불태워 뱃길을 밝혔다는 이야기로 유명하다. 이 화석정에서 17킬로미터 정도를 더 가면 왼쪽으로 민간인들이 마음대로 임진강을 건널 수 있는 첫 번째 다리 장남교가 나타난다.

옛 영화 꿈꾸는 고랑포구

장남교의 남쪽은 파주시 파평면이고 북쪽은 연천군 장남면이다. 장남면으로 들어선 뒤 다시 임진강 하류 쪽으로 좌회전을 하면 이내 고랑포구가 나타난다. 깎아지른 석벽과 맑은 물, 고운 모래가 어우러져 비경을 자랑하는 곳이지만 지금은 찾는 이가 드물다. 강으로 내려가는 길은 철문으로 막혀 있고 강에는 언제 시동을 걸었는지 알 수 없는 낡은 보트들이 두어 척 묶여 있다. 이 고랑포구 일대는 최근까지도 민통선에 묶여 함부로 출입할 수 없는 곳이었다. 그러던 것을 최근에 인근의 경순왕릉과 함께 민간인 통제 구역에서 해제함으로써 이제는 누구나 가볼 수 있게 되었다.

지금은 찾는 이 없는 작은 포구지만 전쟁 이전의 고랑포구는 임진강 최대의 무역항이었다. 당시 경기도의 연천·파주·양주, 강원도의 철원, 황해도의 금천·토산 등에서 생산된 쌀, 잡곡, 콩 등의 농산물을 서울 마포와 인천항까지 배로 실어 나르기 위한 중간 집하장이 바로 고랑포구였다. 반대로 바다에서 생산되는 소금과 생선과 젓갈들은 배에 실려와 이 고랑포구에 부려진 후 북부와 동부의 여러 산골로 퍼져 나갔다. 포구는 넓고 커서 대단위 항구도시를 이루었고, 주변 인구도 3만 가까이에 이르렀다. 당연히 상업의 중심지가 되었고 일제 때는 서울의 화신백화점 분점이 설치될 정도로 번화한 거리였다. 물론 지금 그런 영화의 흔적은 남아 있지 않다. 장남면 전체 인구가 700명에도 미치지 못할 정도로 작은 마을이 되었다.

임진강 화석정

율곡 이이가 고향으로 낙향하여 말년을 즐기던 임진강 남쪽의 정자다. 율곡은 10만 양병설을 주장했으나 임금 선조는 이를 무시했다가 임진왜란을 만났다. 한양을 버리고 피난을 나선 선조는 이곳에 이르러 화석정을 불사르고 그 불빛에 의지하여 밤에 강을 건너 의주까지 갔다. 율곡은 생전에 정자 바닥과 기둥에 항상 기름칠을 해두었다고 한다.

그런데 지난 2013년 4월에 이 일대를 진동시키고도 남을 뉴스가 하나 전해졌다. 경기도와 연천군이 힘을 합쳐 고랑포구의 영화를 되살리겠다며 팔을 걷어붙인 것이다. 2015년까지 142억 원을 투자하여 옛 포구의 모습을 복원하고, 황포돛배를 정기적으로 운행하는 한편 대단위 저잣거리와 풍류촌도 만든다고 한다. 머지않아 휴전선에서 가장 가까운 곳에 또 하나의 관광지가 들어서게 될 것으로 보인다.

© Son Min Seok

고랑포구

전쟁 이전까지 임진강에서 가장 큰 나루터였다. 서해에서 배들이 올라올 수 있는 마지막 항구였고, 경기도 동북부와 강원도 일원에서 각종 물산이 이리로 모여들었다. 지금은 민통선 인근의 아무도 찾는 이 없는 나루가 되었으나 연천군은 이 일대를 관광지로 개발할 계획을 세우고 있다.

북한군 전차가 지나던 호로고루

고랑포구의 상류에는 호로고루(瓠瀘古壘)로 불리는 옛 성터의 흔적이 남아 있다. 호로고루에서 호로(瓠瀘)는 임진강의 삼국시대 때 이름이고, 고루(古壘)란 옛날 성채라는 말이다. 이곳은 삼국시대부터 전략적으로 매우 중요한 지역이었다. 군사들이 배 없이도 강을 건널 수 있는 지점이기 때문에 특히 그랬다. 그러면서도 바로 아래의 하류에는 항구가 있다. 서해로 향하는 관문인 것이다. 임진강을 넘어 북진하는 신라군을 방어하기 위해 단애 위에 축조한 고구려의 전투용 성채가 바로 호로고루다.

호로고루 아래의 강물 흐름을 살펴보면 누구나 이곳이 여울목임을 쉽게 알 수 있는데, 실제로 6·25전쟁 당시 북한군의 주력 전차부대는 개성을 지난 다음 문산 쪽으로 직진하지 않고 우회하여 바로 이 지점을 도강한 후 서울로 향했다. 다리 없이도 전차가 도강할 수 있는 임진강의 최하류 지점이 바로 이곳이었던 것이다.

© Son Min Seok

호로고루

고구려가 신라의 북진을 막기 위해 임진강 북안에 세운 옛 성곽이다. 이곳은 군사들이 배 없이도 강을 건널 수 있었기 때문에 삼국시대부터 전략적으로 매우 중요한 지역이었다. 실제로 6·25전쟁 당시 북한군은 이곳을 도강하여 서울로 침입했다.

新羅敬順王之陵

신라의 마지막 임금 경순왕의 능

임진강 강변에서 벗어나 북쪽으로 조금만 들어가면 경순왕릉이 자리하고 있다. 도라산 위에서 경주를 바라보며 한숨짓고 눈물짓던 경순왕은 죽어서 이곳에 묻혔다. 경주 바깥에 위치한 신라의 유일한 왕릉이며, 개성의 정동쪽이고, 남방한계선 철책에서 불과 200미터 떨어진 곳이다. 경순왕 사망 이후 신라의 유민들은 그의 시신을 경주로 모시려 했으나, 고려 왕실은 개성에서 100리를 벗어날 수 없다 하여 이곳에 장사를 지내게 했다고 한다. 패망한 왕조의 마지막 임금의 무덤은 왕릉이라고 하기엔 화려하지도 않고 크지도 않다. 게다가 비석은 6·25전쟁 때 총탄에 맞은 자국들로 파이고 깎여서 보는 이의 마음을 아프게 한다. 이곳이 6·25전쟁 최대의 격전지 가운데 한곳이었음을 경순왕의 비석이 증언하고 있는 듯하다.

경순왕릉

고려에 망한 통일신라 마지막 임금의 무덤이다. 개성에서 포로나 다름없이 생활하던 경순왕은 죽어서 경주로 가지 못하고 이곳 연천에 묻혔다. 경순왕릉 비석에 나 있는 총탄 흔적들은 이곳이 6·25전쟁 격전지였음을 말해주고 있다.

1·21 무장공비 침투로

임진강의 고랑포구를 좌측에, 경순왕릉을 우측에 두고 임진강 하류 방향으로 조금만 더 나아가면 이내 군 검문소가 나타난다. 민간인들이 출입할 수 없는 민통선 안으로 들어가는 길목이다. 초소를 지나 비포장도로를 4킬로미터 정도 달리면 1968년 1월에 침투했던 무장공비들의 침투로가 나타난다. 이곳에 당시 우리 군복을 입고 총을 든 북한 무장공비들이 철책을 넘어 남쪽으로 침투하는 장면을 모형으로 재현해놓았다.

1·21 무장공비 침투 사건은 군은 물론 우리나라의 온 국민을 충격에 빠뜨린 전후 최대의 테러 사건이었다. 1968년 1월 17일, 김신조 외 30명의 특수부대(제124군) 소속 북한 군인들은 DMZ를 건너고 남방한계선을 넘어 남한으로 침투했다. 당시 북한에서는 이들을 침투시켜 1968년 1월 21일에 청와대를 폭파하고 요인을 암살하는 한편 주요 기간시설을 파괴할 계획이었다. 이를 위해 공비들은 기관총 외에 권총과 수류탄 등으로 중무장을 하고 있었다.

박수를 받으며 북방한계선을 지난 공비들은 DMZ를 건넌 후 남방한계선을 넘었다. 김신조 일당은 당시 미 제2사단이 지키고 있던 철책을 뚫고 남으로 침투했다. 이어 고랑포구를 통해 임진강을 건넜고, 장파리와 파평산을 거쳐 법원리의 삼봉산에 은거했다. 그러다가 새벽에 나무를 하러 온 형제에게 발각되었고, 신고를 받은 군경은 합동 검문을 시작했다. 이에 아랑곳하지 않고 공비들은 미타산, 앵무봉, 노고산을 거쳐 북한산의 비봉으로 진출했다. 이어 1월 21일에는 계획대로 청와대 뒷산인 세검정의 자하문 고개까지 도달했다. 하지만 거기까지였다. 군경의 합동 검문에 길이 막힌 공비들은 검문소에 수류탄을 투척하고 지나가던 시내버스에도 수류탄을 던졌다. 군경은 물론 애꿎은 시민들까지 다수가 목숨을 잃었다. 이어 본격적인 소탕작전이 시작되었다. 이 작전으로 김신조가 생포되고, 29명이 사살되었으며, 1명은 다시 북으로 도주했다. 우리 군경의 피해도 적지 않아서 모두 35명이 순직했다.

1·21 무장공비 침투를 재현한 모형

1968년의 무장공비 청와대 기습 시도 사건으로 남한은 큰 충격을 받았다. 국민들은 전쟁 이후 벌어진 가장 큰 테러였던 이 사건을 통해 안보 불안이 얼마나 큰 재앙이 될 수 있는지를 체감했다.

© Son Min Seok

© Son Min Seok

이로써 무장공비들의 목적은 저지되었으나 우리 군과 국민들은 큰 충격에 빠졌다. 중무장한 간첩이 30명 넘게 휴전선을 통과하여 청와대 코앞까지 침투할 수 있었다는 사실 자체가 우선 놀라웠다. 이로써 휴전선 경계 작전의 중요성이 새삼 부각되고, 국민들의 안보의식이 크게 높아진 것이 그나마 다행이라면 다행이랄 수 있었다. 우리나라 군대에 유격훈련이 도입된 것도 이 사건이 한 계기가 되었다. 체포된 김신조는 그동안 북한의 김일성에게 속아서 살아왔음을 후회하며 나중에 목사가 되었다.

승전OP에서 보는 북녘의 산하

인근의 장남면 원당리에 있는 승전OP는 25사단이 운영하는 관측소 가운데 한곳으로, 망원경을 통해 북쪽을 바라보면 드넓은 개활지인 연천평야가 한눈에 들어오는 곳이다. 전망대 올라가는 길 옆으로는 인삼밭이며 콩밭이 펼쳐져 있고, 논밭 뒤로는 지뢰지대 표지판이 줄줄이 달려 있다. 그 뒤로는 사람의 발길이 닿지 않은 원시림이 펼쳐져 있다. 낙엽수들이 많은 걸로 보아 가을 단풍이 절경을 이룰 때 찾으면 더 없이 멋질 것 같은 길이다. 승전OP에서는 구릉처럼 낮고 끝없이 이어지는 산들과, 억새 따위의 풀들만 무성한 연천평야, 그 사이를 뱀처럼 기어가는 사미천이 한눈에 들어오고, 방향을 돌리면 고랑포구 일대의 임진강도 발아래로 가깝게 내려다보인다. 사방은 적막하고 풍광은 아름다워서 과연 이곳이 남과 북이 서로 총부리를 겨누고 있는 최전방 지역인지 실감하기 어렵다. 하지만 여기서는 북한군 초소는 물론 날씨가 맑은 날이면 북한군 병사들이 활동하는 모습까지 관측된다고 한다.

"구릉과 개활지가 많아 적의 침투가 용이한 지역입니다. 실제로 6·25전쟁 당시 적의 주력 부대가 넘어온 곳도 이 지역이고, 김신조 일당이 침투로로 택한 곳도 이 지역이었습니다. 한시도 경계를 게을리할 수 없는 지역입니다."

안내를 맡은 공보장교의 설명이다. 계곡이 깊고 물이 깨끗한 청정환경 보전지역인 연천은 전쟁의 상흔이 가장 선명하게 남아 있는 곳이기도 하다. 푸르고 깨끗한 임진강 강물에는 지금도 장마철만 되면 목함지뢰가 떠내려온다. 홍수와 관련된 사고도 심심치 않다. 그러나 강물은 오늘도 무심하게 북녘의 논밭을 적시고 DMZ의 초목을 키운 후 남방한계선 철책 아래를 흘러 남으로 내려온다. 시리고 푸른 물빛은 오래 보고 있기가 어려울 정도로 눈부시다.

사미천 목함지뢰 사건

승전OP를 나선 후 철책을 따라 형성된 작전도로를 타고 상승전망대를 향해 북동쪽으로 가다 보면 사미천(沙彌川)이 나타난다. 사미천은 황해북도 장풍군 서쪽 자라봉에서 발원하여 경기도 연천군 백학면 두현리에서 임진강으로 흘러드는 하천이다. 임진강 지류 가운데 하나인 사미천은 상류에 삼림지대가 울창하여 갈수기에도 물이 마르지 않으며, 민통선 안쪽의 상류는 전혀 오염이 되지 않아 물속이 훤히 들여다보이는 1급수다.

이렇게 물이 맑고 깨끗하다 보니 그 안에 사는 민물고기 역시 다양하다. 붕어나 쏘가리는 물론 돌고기, 얼룩동사리, 갈겨니, 생이, 참게 등이 서식하고 있고, 어름치 등 보호종 물고기도 여러 종 살고 있다. 이처럼 다양한 물고기들이 서식하는 하천인지라 강태공들 사이에서는 이미 꽤나 유명세를 타고 있는 하천이다. 문제는 이들이 민통선 바깥의 사미천에서 하는 낚시질에 만족하지 못하고 민통선 안쪽으로까지 진출한다는 것이다. 지난 2010년 여름에는 민통선 안쪽의 이 하천에서 큰 사고가 터진 적도 있다. 홍수로 북에서 떠내려온 목함지뢰를 낚시꾼 두 명이 발견하여 들고 나오다 폭발하면서 한 명이 사망하고 한 명이 다치는 사고가 있었던 것이다.

DMZ 안의 사미천 일대

사미천은 북에서 출발하여 DMZ를 거쳐 임진강에 합류하는 연천군의 하천이다. 최고의 청정 수질을 자랑하는 사미천에는 다양한 토종 물고기들이 서식한다. 연천은 임진강 주변으로 저지대가 많고 들이 넓다.

이들은 민통선 바깥에서 하천으로 진입한 뒤 군의 경계 초소를 우회하여 하천 상류로 진입한 것으로 밝혀졌는데, 이런 낚시꾼들이 적지 않았다고 한다. 강태공들 사이에서는 1급수인 사미천이 '낚시 천국'이라는 소문까지 돌고 있었다고 한다. 2010년의 이 사고 이후 군의 경계가 강화되고 이곳이 북한의 목함지뢰가 떠내려오는 등 매우 위험한 곳이라는 사실이 알려지면서 이제 민통선 안쪽까지 몰래 들어와 낚시를 하는 사람들은 없어졌다고 한다.

사미천은 또 2012년 8월 무장 상태로 귀순한 북한군 병사를 우리 초병들이 먼저 발견하고 안전하게 유도하여 소위 완전작전을 펼친 곳이기도 하다. 남쪽의 낚시꾼들이 사미천 물길을 따라 몰래 민통선 안쪽까지 들어오듯이 북한의 병사들도 얼마든지 사미천을 따라 남쪽으로 내려올 수 있음을 방증한 사건이기도 했다. 나무와 풀숲이 무성하고, 물길 역시 평지를 흐르는 지형인지라 몰래 침투하기에 용이한 지역이다.

"물가와 개활지는 물론 물속으로 침투하는 적도 있을 수 있습니다. 겨울에는 물이 얼어붙어서 적이 더욱 쉽게 움직일 수 있는 지형이 됩니다. 이런 모든 상황들에 대처하기 위해 잠시도 한눈을 팔 수 없는 지역이 이곳 사미천 지역입니다."

사미천 지역을 경계하고 있는 소초장의 설명이다.

제1땅굴의 발견

육군 25사단은 6·25전쟁이 한참이던 1953년 4월 강원도 양양에서 처음 창설되어 1964년부터 현재의 주둔지로 이동하여 파주의 동부와 연천의 서쪽 GOP 경계를 담당하고 있다. 부대가 이동한 지 10년이 지난 1974년 11월, 71연대의 수색중대 대원 아홉 명은 DMZ 내에서 수색정찰 활동을 벌이다가 땅에서 수증기가 뿜어져 올라오는 것을 보게 되었다. 이를 이상하게 여긴 대원들이 땅을 파기 시작하자 이내 북한 쪽 초소에서 총알이 날아들기 시작했다. 이에 우리 군도 즉각 대응사격에 나섰고, 나중에 해당 위치를 굴토한 결과 최초의 땅굴이 발견되었다. 땅굴에서는 다이너마이트는 물론 흙을 실어 나르는 운반차 등이 발견되었다. 이것이 제1땅굴이다. 이후 휴전선 인근에서는 지금까지 3개의 땅굴이 더 발견되었다.

제1땅굴은 개성에서 24킬로미터, 서울까지는 52킬로미터 떨어진 위치에 있다. 2.5~4.5미터 깊이에 굴을 파고 철근과 콘크리트로 보강공사를 하여 튼튼하게 만들었다. 1시간에 1개 연대를 통과시킬 수 있는 규모이며, 전시의 병력 이동은 물론 간첩들의 통로로도 이용하기 위해 땅굴을 판 것으로 짐작된다.

나머지 3개의 땅굴들이 DMZ를 벗어난 남방한계선 이남에 있어 민간인들에게도 개방된 것과 달리 제1땅굴은 DMZ 안쪽에 위치하여 개방이 불가능하다. 이에 경기도와 육군 25사단은 가장 가까운 고지에 상승전망대를 열고 이곳에 제1땅굴과 같은 크기의 모형을 만들어 전시하고 있다.

상승전망대는 적의 활동을 관측하기 위해 운영되는 최전방 관측소로, 전방의 북한 초소는 물론 북한 군인들의 구체적인 움직임까지 볼 수 있는 곳이다. 전망대에 서면 우선 발아래로 드넓은 연천평야가 내려다보인다. 한때 임금에게 진상하던 백학미(百鶴米)를 생산하던 옥토였으나 지금은 잡초만 무성하다. 예전에는 일부에게만 개방하던 OP였으나, 2012년 리모델링을 마치고 모든 사람들에게 개방된 전망대로 바뀌었다. 연천군 백학면 백령리에 있고, 사전에 신청하면 관람이 가능하다.

상승전망대 앞의 DMZ

남쪽은 평야지대지만 DMZ 북쪽엔 산들이 많다. 산들이 높지 않아서 산 너머의 산까지 잘 보인다.

© Choi Tae Sung

11월의 눈

연천은 경기도에 속하지만 11월부터 본격적으로 눈이 내린다. 남한에서 최전방이란 하나같이 북쪽을 의미하고, 북쪽에는 겨울이 빨리 찾아온다.

허목 묘역 가는 길

연천이 낳은 대표적인 인물 가운데 한 사람이 미수(眉叟) 허목(許穆)이다. 죽어서도 고향 연천에 묻혔는데, 그의 묘는 지금은 민통선 안 연천군 왕징면 강서리 산90-3번지에 위치하고 있다. 허목의 묘는 동남향한 나지막한 구릉 위에 있는 6기의 묘 가운데 제일 아래에 위치하고 있으며, 바로 위에는 그의 부인인 전주이씨의 묘가 있다.

허목은 조선 중기의 대학자이자 서예가였다. 1595년 연천현감이던 허교(許喬)의 아들로 태어났으며, 1615년(광해군 7년) 정언옹에게서 글을 배우고, 당대의 문인 문위(文緯)를 스승으로 섬겼다. 1624년(인조 2년) 광주의 우천에 살면서 독서와 글씨에 전념하여 그의 독특한 고전팔분체(古篆八分體)를 완성했다. 이는 독특한 전서체로 우리나라 서예사에 있어 혁명적인 업적으로 평가되며 후기 추사체에도 적지 않은 영향을 끼친 것으로 여겨진다. 허목은 특히 전서에 능하여 동방 제1인자라는 찬사를 받았는데, 선생의 묘비 글과 삼척의 동해척주비(東海陟州碑)를 통해 그 뛰어남을 확인할 수 있다. 허목 묘의 석물은 독특하게 검은색이며, 예술적인 세련미를 갖추고 있다. 하지만 역시 치열한 접전이 벌어진 지역에 있었던지라 총탄의 상처는 피할 수 없었다.

허목의 묘와 비석

허목은 연천이 낳은 조선 중기의 대학자였다. 그의 묘는 민통선 안에 있는데, 특이하게도 비석이 희다. 이 대학자의 묘비에도 전쟁의 상흔이 깊고 뚜렷하다.

© Son Min Seok

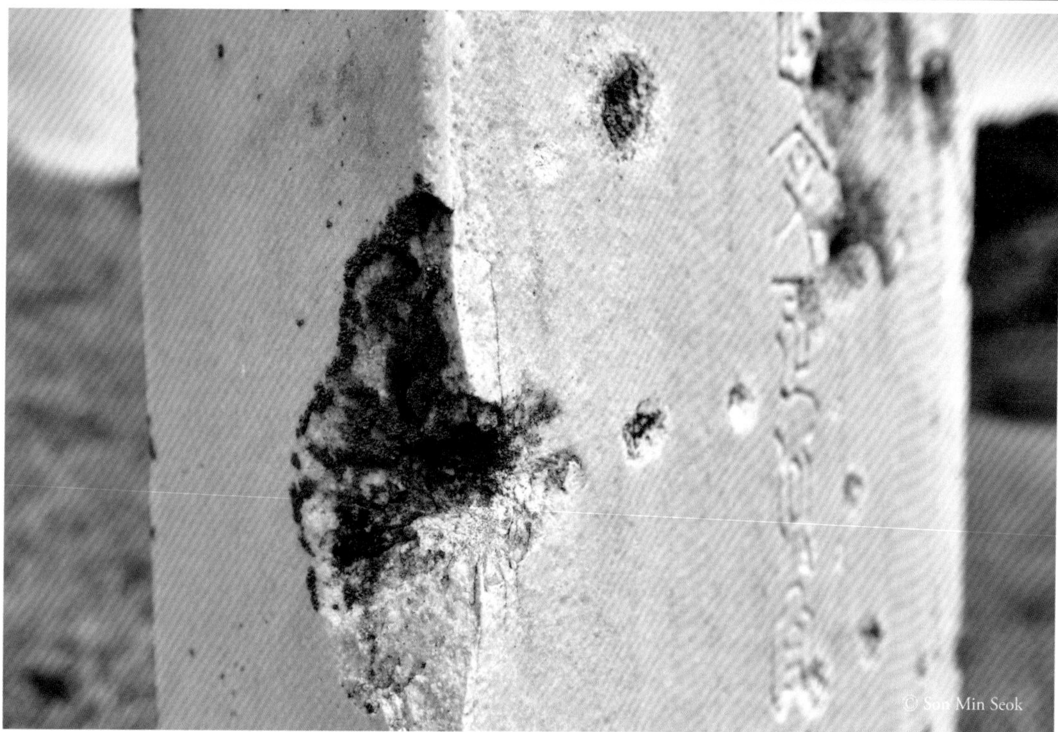
© Son Min Seok

군남댐과 두루미의 비극

미수 허목 묘역을 지나 민통선 초소를 빠져나오자 군남홍수조절지가 나타난다. 다목적 댐이 아니라 오로지 홍수 조절을 목적으로 하는 댐이자 임진강에 우리나라가 건설한 유일한 댐이다. 이 홍수조절용 댐의 상류로 거슬러 올라가면 군사분계선에서 42킬로미터 북쪽에 북한이 세운 황강댐이 있다. 2002년에 발전과 용수를 공급하기 위해 착공되었으며, 2007년 전후로 완공된 것으로 추정된다. 규모는 높이 34미터에 길이 880미터 정도이며, 저수량은 임진강 유역의 또 다른 댐인 4월5일댐(규모 3,500만 톤)의 열 배에 가까운 3~4억 톤 규모다.

그런데 지난 2009년 9월 6일 야간에 북한이 임진강 상류의 황강댐을 무단으로 방류하여 임진강 강변에서 야영 중이던 우리 국민 여섯 명이 사망하는 사건이 발생했다. 지금의 군남홍수조절지 바로 아래의 강변에서 벌어진 사건이다. 이런 불상사를 예방하고자 최근 다급하게 만든 댐이 바로 이 군남댐이다. 하나의 물길을 공동으로 관리하지 못하게 된 분단국의 비극과 아픈 현실이 묻어 있는 댐이다.

군남댐의 하류

북한이 임진강 상류의 황강댐을 갑자기 방류하면서 우리 국민 여섯 명이 사진에 보이는 지역에서 익사했다. 이런 일을 막기 위해 세운 홍수 조절용 댐이 군남댐이다.

© Son Min Seok

두루미 테마파크

임진강 북쪽, 민통선 안에 있는 공원이다. 인근에 여울이 있고 두루미들이 좋아한다는 율무 밭이 넓어 두루미들이 많이 찾는 곳이다. 민통선 안에 있는 공원인지라 잘 가꾸어져 있음에도 불구하고 찾는 이는 드물다.

© Son Min Seok

물길을 제대로 관리할 수 없어서 생기는 비극은 인간에게만 일어나는 것이 아니다. 이 군남댐의 상류 민통선 지역은 해마다 수백 마리의 두루미가 찾아와 월동하는 지역이다. 천연기념물 202호인 두루미는 특이하게도 물이 얕은 여울에 모여서 잠을 자고 휴식을 취한다. 지금 민통선 안에 생긴 '임진강 평화습지원' 바로 위의 장군여울과 그로부터 다시 700미터 상류에 위치한 빙애여울이 이들 두루미의 주요 월동지다. 이들 여울은 물이 얕으면서도 물살이 빨라 겨울에도 얼지 않는 것이 특징이다. 얼지 않기에 이 물속에 발을 담그고 두루미들이 잠을 잘 수 있다.

그런데 2013년 겨울 갈수기에 대비하여 군남댐에 물을 저수하기 시작하자 하류의 장군여울이 사라졌다. 수심이 2미터에 육박하면서 나타난 자연스런 현상이다. 물도 얼어붙었다. 당연히 장군여울에는 겨울 동안 두루미가 찾아오지 않았다. 그나마 아직 여울을 유지하고 있는 빙애여울에 여전히 두루미들이 찾아오고 있다고 한다. 댐에는 연천이 겨울 철새의 보금자리임을 상징하듯 '두루미 테마파크'가 조성되어 있고, 더 상류의 민통선 안쪽에는 앞에서 소개한 '임진강 평화습지원'도 만들어졌다. 이 습지원에는 두루미들이 좋아하는 율무 재배 단지, 두루미 식물원, 평화 꽃단지, 두루미 학습장, 두루미 꽃단지, 평화 광장, 생태 연못, 관찰 광장 등 다양한 시설들이 멋지게 꾸며져 있다. 각종 토종 식물과 꽃들로 꾸며진 꽃단지는 봄부터 가을까지 눈요기를 하기에 부족함이 없을 듯하다. 하지만 두루미를 테마로 한 습지원에 두루미가 사라질 위기라니 참으로 아이러니한 일이 아닐 수 없다.

북한의 황강댐에 모아진 물은 지금 개성공단에 산업용수로 제공되고 있다. 홍수의 위험이 거의 없는 겨울 한철만이라도 군남댐에 물을 가두지 않는 것이 사라진 두루미를 다시 불러오는 최선의 방법일 것이다. 하지만 댐을 만들어놓고도 갈수기에 대비하지 않는다면 이 또한 어리석은 일이어서 문제를 풀기는 생각처럼 쉽지 않아 보인다.

연천의 민통선 안쪽 임진강

함경남도 마식령에서 발원한 임진강이 강원도를 거쳐 경기도 연천의 민통선 안쪽 지역을 유유히 흐르고 있다. 푸른 하늘과 흰 구름, 주변에 펼쳐진 초록의 평원을 배경으로 부드러운 곡선을 그리며 흐르는 임진강의 물빛이 아름답기 그지없다.

연천역 급수탑과 경원선

민통선 바깥의 연천에는 군남홍수조절지와 더불어 놓칠 수 없는 또 하나의 안보관광지가 있다. 바로 연천역에 있는 2개의 급수탑이다. 연천역은 서울과 원산을 잇는 경원선의 중간 역으로, 경원선이 완전 개통된 1914년부터 1967년까지 운행된 증기기관차에 물을 공급하기 위해 만든 탑이 바로 이들 급수탑이다. 경원선의 경우 연천역에만 이 급수탑이 있었다.

연천역에는 현재 상자형과 원통형의 급수탑 2개가 남아 있다. 상자형 급수탑은 콘크리트로 지어졌으며, 기단, 벽체부, 지붕의 3단으로 구성되었다. 그런데 특이하게도 외관에 줄눈을 그려넣어 마치 벽돌로 쌓은 조적조 건물인 것처럼 보이게 만들었다. 24미터 높이에 달하는 웅장한 원통형 급수탑에는 급수관 3개와 기계장치가 양호하게 보존되어 있다. 이들 탑의 외부에는 6·25전쟁 당시의 총탄 흔적이 그대로 남아 있어 과거의 치열했던 전투를 증언하고 있다.

서울과 원산을 연결하던 길이 223.7킬로미터의 경원선 철도는 일제의 군사적 목적과 한반도 동북부의 수탈 물자 수송을 위해 1914년 9월 16일 개통되었다. 서울을 기점으로 하여 삼방·세포 부근의 해발 600미터 가파른 고지를 넘어 원산에 이르는 이 철도의 완공으로 한반도의 간선철도가 X자 모양을 이루게 되었다. 오늘날에는 국토의 분단으로 용산역에서 철원의 백마고지역 사이 94.4킬로미터에서만 열차가 운행되고 있다. 경원선 철도 중단점이 여전히 연천의 신탄리역이라고 알고 있는 사람들이 적지 않다. 실제로 신탄리역은 얼마 전까지 경원선 철도 중단점으로 널리 알려졌고, 이를 눈으로 확인하기 위해 일부러 찾아오는 관광객들이 적지 않았다. 하지만 지난 2012년 11월부터 신탄리역 위에 위치한 철원의 백마고지역까지 기차가 운행되기 시작했으며, 경원선 철도 중단점 표지판은 지금 백마고지역에 옮겨 세워져 있다.

한편, 2000년 8월 평양에서 남북정상회담이 열린 후 구체적으로 경원선 복원이 논의되었으나 아직 실현되지 못하고 있다. 남측 구간은 백마고지역에서 군사분계선까지 16.2킬로미터, 북측 구간은 군사분계선에서 평강까지 14.8킬로미터가 끊어진 상태로 남아 있다. 끊어진 이 31킬로미터의 구간만 연결되면 서울에서 최단거리로 시베리아 횡단철도와 연결되는 철도가 바로 경원선이다.

© Son Min Seok

연천역의 상자형 급수탑

경원선의 중간지점인 연천역에 증기기관차를 위한 급수탑이 만들어졌다.
이 상자형 급수탑에도 총탄의 흔적이 곳곳에 남아 있다.

연천역의 원통형 급수탑

이제는 쓸모가 없어진 급수탑을 능소화를 비롯한 덩굴식물들이 감싸 또 하나의 예술작품이 탄생했다. 여기에도 총탄의 흔적은 남아 있을 터이나 식물들이 전쟁의 상흔을 감싸고 있다.

휴전선 800미터 앞에 설치된 태풍전망대

휴전선과 가장 가까운 전망대로 알려진 연천군 중면 횡산리의 태풍전망대를 찾아 중면사무소 앞에서 전망대 방향으로 길을 나섰다. 검문소를 지나자 길은 좌측으로 임진강을 끼고 달리기 시작한다. 임진강의 맑고 푸른 물에 정신을 빼앗기려는 찰나, 오른쪽 언덕으로 더욱 기이한 풍광이 펼쳐지기 시작한다. 제주도의 오름이나 봉분처럼 둥근 산도 아니요 깎아지른 벼랑도 아닌 비탈진 산이다. 그런데 둔덕엔 나무들 대신 골프장의 잔디보다 빛깔이 고운 초록의 풀들이 빼곡하고, 산 위에는 소나무며 갈참나무 따위의 나무들이 열병식을 하는 호위병처럼 등성이를 메우고 있다. 기이하고 낯선 풍경이다. 일부러 꾸미고 색칠을 한 듯한 초원과 함부로 자란 키 큰 나무들이 느닷없이 하나의 화폭에 등장한다. 그것도 끝없이 길게 이어지는 거대한 화폭이다. 낯선 풍경에 시린 눈이 휘둥그레지고 열린 입이 닫히지 않는다. 그러면서도 이 낯선 풍광을 표현할 형용사 한 마디 쉬이 떠오르지 않는다. 차창 왼쪽으로 흐르는 임진강은 왜 그리도 고요하고 또 맑은지.

그렇게 모처럼 눈으로 호사를 누리며 잘 포장된 도로를 20여 분 달려가자 마침내 태풍전망대 주차장이다. 가장 먼저 눈에 띄는 것은 충성마트, 예전의 PX다. 이어 장병들의 종교 집회 장소인 교회, 성당, 성모상, 법당, 종각 등이 보이고 실향민들의 망향비와 전적비가 차례로 등장한다. 태풍전망대가 그렇듯 이 안에 있는 시설들도 모두 휴전선에 제일 가까운 시설들이다. 북한 땅과 가장 가까운 교회요 성당이며 법당이고 성모상인 것이다.

© Son Min Seok

전방의 풍경

전방지역에서 가장 흔히 볼 수 있는 것이 이런 대전차 방호벽이다. 전쟁이 일어나면 위에 얹힌 콘크리트 더미를 무너뜨려 적 전차의 진군을 방해하기 위한 구조물이다.

연천의 민통선 풍경

임진강 북안에서 만난 낯선 풍경이다. 초록의 풀들이 낮은 구릉을 눈 시리게 뒤덮은 가운데 침엽수들이 곳곳에 자리를 잡고 있다.

이런 시설들을 지나 전망대 안으로 들어가니 다시금 눈 시린 풍광이 펼쳐진다. 가장 먼저 들어오는 것은 낮은 봉우리들 사이를 가득 채운 거대한 초록의 평원이다. 영화에서 보던 스위스의 초원보다 더 멋지고 아름다운 풍광이 거기 있다. 전망대가 비교적 고지에 있어 눈앞의 풍경들은 모두 아래로 내려다보이고, 한 발짝 큰 걸음을 떼면 풀밭 위로 그대로 미끄러질 듯하다. 거대한 초록 융단의 중간중간에 낮은 산들과 나무들이 일부러 그린 그림의 일부처럼 도드라져 보인다. 그리고 그 사이를 굽이굽이 흘러 남으로 넘어오는 임진강의 모습이 또렷하게 보인다.

임진강 좌측으로는 실개천보다는 크고 강이라고 하기엔 조금 작은 또 다른 물길도 보인다. 아마도 임진강에 합류되는 지류 가운데 하나일 것이다. 두 물길이 합쳐지는 광경은 발아래의 산자락에 가려 보이지 않는다.

"저만치 산등성이 너머로 농경지가 보이시죠? 북한의 오장동 농장입니다."

안내를 맡은 공보장교의 설명이다. 그의 손끝을 눈으로 따라가니 실제로 농장이 보이는 듯도 하고 보이지 않는 듯도 하다. 농장인지 풀밭인지 구분이 쉽지 않다.

"지금 저렇게 평화롭고 아름답게 보이지만 6·25전쟁 당시 이 지역은 혈전에 혈전이 거듭된 곳입니다. 임진강을 따라 북한군과 중공군이 대거 밀려들었고, 이를 막아내고 한 치의 땅, 하나의 고지라도 더 차지하기 위해 마지막까지 우리 선배들이 피와 땀을 쏟은 곳입니다."

낯선 풍광에 어리둥절한 우리 일행을 향해 안내를 맡은 공보장교가 6·25전쟁 당시의 상황을 환기시킨다. 그의 설명이 이어진다.

"이 지역은 신라가 당나라 20만 대군을 격파했던 곳이고, 6·25전쟁 중에는 남북한군의 주요 이동로였습니다. 북한군 4사단이 이곳으로 내려와 서울에 진출했고, 뒷날 국군 1사단이 이곳을 경유해 평양에 입성했습니다."

모두들 그럴 수 있겠다는 생각으로 고개를 끄덕인다.

"저기 보이는 좌측 고지가 노리고지입니다. 1952년 12월 11일부터 사흘간 중공군 40사단 402연대와 국군 1사단 11연대가 총력전을 벌였고, 당시 임진강은 피로 물들었다고 합니다. 이 전투에서 중공군 2,700여 명과 국군 700여 명이 전사했습니다."

임진강을 다시 내려다보니 아까와는 물빛이 달라 보인다.

"우측에 보이는 고지는 베티(Betty)고지입니다. 1953년 7월 27일의 정전협정 체결 직전인 1953년 7월 15일부터 이틀간 우리 국군의 소대 병력이 중공군 2개 대대의 공격을 막아낸 곳입니다. 당시 김만술 소위가 이끄는 우리 국군 소대는 18시간 동안 수천 명에 달하는 중공군의 공격을 19차례나 막아내는 투혼을 발휘해 일당백의 신화를 남겼습니다."

"오~!"

누군가의 입에서 절로 탄성이 터져나온다. 그렇게 수많은 사람들이 피와 땀으로 지켜낸 산하에 지금은 신록만이 한창이다. 가까이 다가가서 땅이라도 파본다면 그날의 상흔이 남아 있을지도 모르겠다.

DMZ 안의 임진강과 베티고지

연천의 태풍전망대에서 바라본 DMZ는 고요하고 평화롭기만 하다. 북에서 출발한 임진강이 이 DMZ를 거쳐 남으로 내려온다. 먹을 것이 부족한 북한군 병사들은 날마다 이 강변에 나와 고기를 잡는다. 사진 우측의 물웅덩이 왼편 고지가 베티고지다.

Son Min Seok

태풍전망대 앞의 DMZ

임진강의 좌측 풍경이다. 사진의 좌측에서 우측까지 이어지는 흙길이 북한군의 철책에 해당하는 북방한계선이다. 남쪽의 철책과 이 북쪽의 흙길 사이가 DMZ다. 초록이 남북을 가리지 않고 산하를 물들였다.

철책 앞 교회의 십자가

북한의 철책을 지키는 병사들에게도 이 십자가는 보일 것이다.
그들에게 종교의 자유와 사상의 자유를 설명할 수 있는 날은 언제일까?

GP의 깃발

DMZ 안에 있는 GP의 모습은 눈으로는 볼 수 있지만 사진으로 촬영할 수는 없다. 중세의 성을 닮은 이 외딴 육지의 섬에는 우리 태극기와 유엔기가 나란히 나부낀다. 북한은 이런 깃발조차 없이 DMZ 안에서 초소를 운영한다.

© Son Min Seok

철책이 바로 방어선

개인화기로 무장한 GOP 부대의 병사들이 철책을 따라 수색을 벌이고 있다. 실탄을 장전한 총을 메고 이들은 365일 24시간을 이 철책과 더불어 생활한다.

황금마차 오는 날

PX를 운영할 수 없는 전방의 작은 소초들에는 1주일에 한 번씩 이런 이동식 마트가 찾아온다. 병사들은 이를 황금마차라고 부른다. 이들에게 황금마차는 단순히 간식거리만 실어 나르는 트럭이 아니다. 황금마차는 몇 달씩 안부를 물을 수 없는 바깥세상의 공기도 실어오고, 군대의 짬밥으로는 도무지 채울 수 없는 허기를 달래줄 달콤한 위안도 배달한다. 그래서인지 황금마차 오는 날이면 병사들의 얼굴에 웃음꽃이 핀다.

© Son Min Seok

Twix
트윅스
25x56g

열쇠전망대의 황홀한 풍경

연천의 동쪽 일부, 그리고 이어지는 철원의 서쪽 일부를 관할하는 부대는 5사단이다. 사단 마크의 문양이 열쇠 모양인데 실제로 이 부대의 별칭이 열쇠부대다. 통일의 문을 여는 열쇠가 되겠다는 의지를 담은 도안이자 명칭이다. 5사단은 1948년 대한민국의 건국과 함께 창설된 5여단이 모체다. 6·25전쟁 중 가평·춘천 탈환 전투, 피의 능선 전투, 가칠봉 전투, 351고지 전투 등에서 혁혁한 전과를 거둔 부대이기도 하다. 박정희 전 대통령이 사단장을 지내고 대장 전역식을 했던 부대로도 유명하다.

이 5사단이 연천군 신서면 마전리에서 운영하고 있는 관측소 겸 전망대가 바로 열쇠전망대다. 전망대 앞에 도착한 손님들을 가장 먼저 맞이하는 것은 티본(T-Bone)능선 전투 기념비다. 그런데 명칭만 전투 기념비지 비석이 아니라 콘크리트 기둥이다. 거기에 글자들이 새겨져 있다. 그것도 영문으로. 안내문의 내용을 읽어보니 사정은 이렇다. 6·25전쟁이 한창이던 1952년 티본능선 옆 에리(Eerie)고지와 DMZ 고지에서 미 육군 중위 넬리 소대장은 정찰임무 수행 중 중공군 1개 중대와 조우하여 치열한 전투 끝에 이들을 격퇴했다. 그러나 부하 여덟 명이 이 전투에서 희생되어 이들을 애도하기 위해 넬리 중위는 비석을 세우기로 한 모양이다. 하지만 전쟁 중에 비석을 세우기는 어려웠을 것이다. 이에 강원도 철원군 인목면 면사무소 정문의 시멘트 기둥에 전사한 부하들의 이름과 인적사항 등을 새기게 되었다고 한다. 그야말로 가슴 아픈 사연이 깃든 비석이다.

© Son Min Seok

열쇠부대의 마크와 구호

통일은 무작정 기다려야 하는 미래의 사건이 아니라 철저히 준비하지 않으면 안 될 우리 시대의 과업이다. 준비되지 않은 통일은 대박이 아니라 쪽박일 수 있고, 준비되지 않은 상태에서 통일은 기대하기도 어렵다.

"보이지 않는 것이 더 위험하다."

DMZ와 철책을 지키는 병사들에게 눈에 보이는 적들은 위협이 아니다.
정말로 위험한 적은 눈에 보이지 않는다.

더욱 가슴 아픈 얘기는 이 비석이 DMZ 안에 버려져 있었다는 사실이다. 1977년 우리 수색대 병사들이 DMZ 안에서 이를 발견, 최종적으로 지금의 열쇠전망대 앞마당에 옮겨 전시하게 되었다. 비석에는 총탄 자국이 가득하여 당시 이 지역에서 얼마나 치열한 전투가 전개되었는지 어렵지 않게 짐작할 수 있다.

열쇠전망대 내부는 토굴 모양이다. 전투 관련 자료와 기념물 등을 전시해놓았는데 출구 쪽에 있는 '통일의 나무'가 특히 눈길을 끈다. 수많은 방문객들이 나뭇잎 모양의 종이에 통일에 대한 염원을 글로 써서 천장 가득 매달아놓았다.

열쇠전망대에 서서 철조망 건너를 바라보니 다시 입이 벌어진다. 날씨가 흐려 멀리까지 보기는 어려우나 역시 낮은 산들과 구릉들이 시력이 미치는 끝까지 드넓게 펼쳐져 있다. 나무들은 여기저기 올망졸망 떼지어 모여 있고, 그 사이로는 연초록 풀잎들이 온 땅을 뒤덮고 있다. 저 멀리 산등성이에는 북한군의 철책에 해당하는 황톳길이 좌에서 우로 길게 상처처럼 드러나 있고, 아군 GP와 적군의 GP도 군데군데 보인다. 이토록 아름다운 풍광, 이토록 살벌한 대치의 현장을 한꺼번에 볼 수 있는 곳으로는 이 전망대가 최고일 듯하다.

전망대를 나오니 왼쪽에 작은 교회가 하나 있다. 특이하게도 빨간색 철제 빔으로 지어진 교회다. 안내를 맡은 공보장교가 철책에 가장 가까이 지어진 교회가 바로 이 교회라고 알려준다. 인근에는 성모상과 불교 사찰도 있고 별도의 종각도 있다.

연천 열쇠전망대 앞의 DMZ

낮은 구릉들 사이로 녹음이 우거졌다. 나무와 풀들이 제멋대로 뒤덮은 땅에서 오늘도 작은 생명들이 소리 없이 나고 자란다. 이 생명의 땅은 그러나 아직 평화의 땅이 아니다.

DMZ의 고라니

열쇠전망대 앞 풀숲에서 고라니들이 뛰놀고 있다. DMZ는 60년 넘게 인간의 발길이 미치지 않으면서 본래의 생태계 모습을 되찾았고, 이제는 어디에서도 볼 수 없는 독특한 풍광과 천혜의 자연환경을 지닌 모습으로 탈바꿈했다.

최전방의 성모상

분단의 땅 맨 앞자리에는 최전방 부대의 병사들과 함께 부처와 예수와 성모도 계신다. 우울한 먹구름 아래서 성모는 두 손을 모으고 무언가를 간절히 기도한다. 자식을 군대에 보낸 어머니들처럼.

봄의 환각

연천의 최전방 부대에도 봄은 어김없이 찾아온다. 봄을 맞은 나무들이 새 잎과 꽃으로 파스텔화를 그려놓은 가운데 병사들이 다리를 건너고 있다. 봄에 취한 것일까? 병사들의 걸음이 제각각이다.

"오늘도 무사히"

전방의 하루하루는 긴장의 연속이다. 실탄이 장전된 총을 들고 경계를 서는 젊은 병사들에게 한순간의 방심도 허용되지 않는다.

5.56MM
4 보통탄 K 100
1 예광탄 K 101
200발 연결
혼성포장

우리도 람보처럼

숲에서는 나무처럼, 바위틈에서는 바위처럼, 눈밭에서는 눈처럼 보여야 한다. 아니, 어떤 경우에도 적의 눈에 띄어서는 안 된다. DMZ 수색을 앞두고 얼굴에 위장을 하는 수색대 용사들의 눈빛이 진지하다.

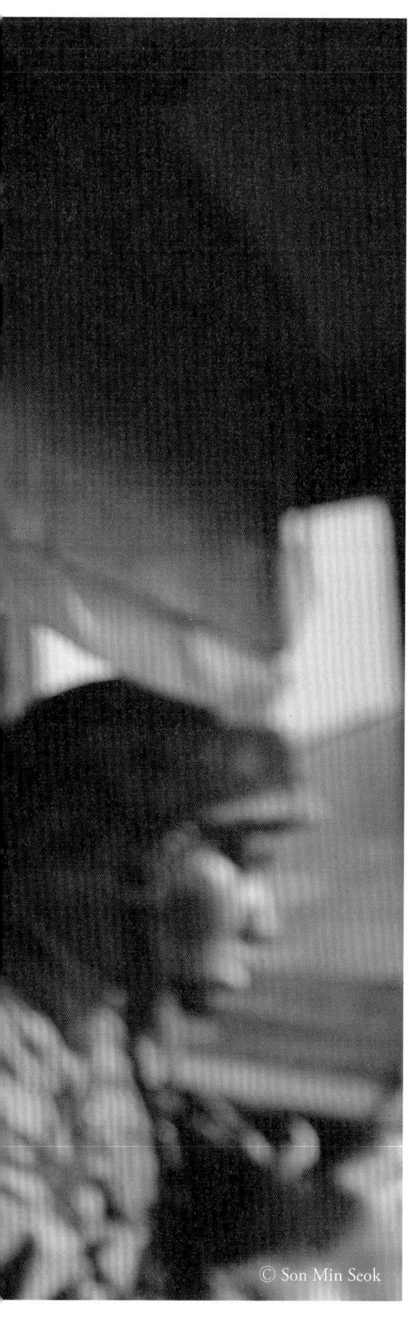
© Son Min Seok

© Son Min Seok

튼튼한 철책이 곧 튼튼한 국방

GOP 부대의 병사들은 온종일 철책과 함께 생활한다. 그 너머의 적들을 감시하고, 철책에 이상이 없는지 꼼꼼하게 살펴야 한다. 철책에 구멍이 뚫린다는 것은 물이 가득 찬 제방에 구멍이 생기는 것과 다르지 않다.

물 샐 틈 없이

전방에서 철책은 병사들의 모든 것이라고 해도 과언이 아니다.
이 철책을 지키기 위해 병사들은 오늘도 더위와 추위를 무릅쓰고 가파른 계단을 오르내린다.

어둠이 내리는 DMZ

DMZ에 어둠이 내리면 병사들은 한층 더 긴장한다. 빛과 어둠이 교차하는 이 시간이야말로 시각이 가장 둔감해지는 시간이기 때문이다. 어둠 속에서 병사들은 시각 이외에 청각, 후각, 촉각 등 모든 감각을 총동원해 경계근무를 선다.

DMZ에는 2개의 달이 뜬다

어둠이 내리기 시작하는 전방에 일찌감치 하얀 달이 떴다. GP에서도 보이고 GOP에서도 보이는 달이다. 누군가에게는 어머니의 얼굴이 그려진 달이고 누군가에게는 고향의 산천이 새겨진 달이다. 북한군 병사들에게도 저 달은 똑같이 보일 텐데, 그들이 거기에 무슨 그림을 그릴지 짐작조차 하기 어렵다.

밤이 내린 DMZ의 철책

동서로 길게 이어진 철책에만 경계등이 환하다. 그 북쪽에도 남쪽에도 불빛은 없다. 이 기묘한 풍경은 한반도의 DMZ가 아니면 지구촌 어디에서도 볼 수 없는 것이다.

백마고지 이야기

열쇠전망대를 벗어나 민통선을 빠져나온 후 다시 3번 국도를 타고 동북쪽으로 향하면 이내 연천군과 철원군의 경계 지점이다. 경기도에서 강원도로 지역이 바뀌는 것이다. 이렇게 철원군으로 접어들어 첫 번째 만나게 되는 기차역이 경원선 백마고지역이다. 최근에 복원된 역이자 경원선의 마지막 역이다. 역사는 작고 플랫폼은 간소하며 정차하는 기차는 겨우 세 량짜리다. 열차가 멈춘 플랫폼 끝에 '철도 중단점' 안내판이 외롭게 서 있다.

이 역의 이름이 유래된 백마고지는 DMZ 안에 있어 실제로 가볼 수는 없다. 그 대신 백마고지역과 실제 백마고지 사이인 철원읍 대마리에 백마고지 전적지가 조성되어 있다. 백마고지위령비에는 백마고지 전투 희생자 844명의 이름이 적혀 있다.

백마고지 전투란 6·25전쟁 당시 우리 국군 9사단이 철원평야 북단의 요충지인 395고지에서 중공군과 벌인 전투를 말한다. 이 전투가 벌어진 것은 1952년 10월 6일부터 15일까지였다. 국군 9사단과 중공군 3개 사단이 이 열흘 동안 열두 차례 전투를 벌였고, 그사이 고지의 주인이 24회나 바뀌었다. 10차 전투에서 강승우 소위를 비롯한 아군 육탄 용사 세 사람은 산 정상에 있는 적의 고지로 돌진해 수류탄으로 기관총 진지를 파괴하고 장렬히 산화했다. 이 전투를 치르는 동안 적군 1만 4,000여 명이 사살되고 아군도 3,500여 명이 사상당하는 피해를 입었다.

이처럼 치열한 전투 끝에 우리 군은 백마고지를 차지했고, 김일성은 백마고지 오른쪽 뒤편의 고암산에서 사흘을 통곡했다고 한다. 이때부터 고암산을 김일성고지라고도 부른다.

백마고지라는 이름은 눈 쌓인 이 고지의 모양을 위에서 보면 흰 말과 같다고 하여 미군들이 붙인 것이라고 전한다. 백마고지를 지켜낸 9사단은 이후 백마부대라는 별칭을 얻었고, 지금은 경기도 고양시 지역에 주둔하고 있다. 최근 〈진짜 사나이〉라는 텔레비전 프로그램에도 소개되었던 부대다.

© Son Min Seok

백마고지 전적지를 방문한 외국인 관광객들

6·25전쟁 당시 가장 치열했던 전투 중 하나가 백마고지 전투다. 백마고지를 빼앗기고 김일성은 사흘을 통곡했다고 한다. 잊지 말아야 할 역사의 현장이지만 내국인보다 외국인 관광객이 이곳을 더 많이 찾는다.

Story 04

철원

철새의 낙원이 된 한반도 중심 도시

해방 이전의 철원은 한반도의 중심에 위치한 핵심 도시 가운데 하나였다. 평야는 넓고 길들은 사방으로 뻗어 있었다. 해방과 함께 38선 이북에 있던 철원에는 소련군이 진주했고, 철원의 아물지 않는 상처와 비극은 이때부터 시작되었다. 전쟁은 이 상처에 소금을 뿌렸고, 이 상흔은 여전히 치유되지 않은 채 고스란히 남아 있다. 그 상처 위로 풀과 나무들이 자라 산천을 뒤덮었고, 드넓은 철원평야는 이제 철새들의 낙원이 되었다.

철원은 한때 대구와 맞먹을 정도로 번성하던 도시다. 우선 입지가 남달랐다. 한반도의 중앙부에 위치하여 교통이 사통팔달로 발달했고, 내륙임에도 평야가 넓었다. 지금도 강원도에서 가장 많은 쌀이 생산되는 지역이 철원이다. 게다가 전쟁이 날 경우 방어에도 유리한 고지들이 많았다. 궁예가 태봉국을 세우면서 철원을 수도로 삼은 것은 결코 우연이 아니었다. 이처럼 먹고살기 유리하고 교통도 편리하니 당연히 사람들이 모여들고 도시가 번창했다. 한반도에서 최초로 상수도가 보급된 곳은 서울이 아니라 철원이었고, 금강산행 전철의 시발점도 철원이었다.

철의 삼각지대

철원은 평야지대와 산악지대가 만나는 중간 지역이다. 철원 서쪽의 경기도 DMZ 지역은 대체로 평탄한 지형이어서 철책을 따라 걷기가 수월하고 물길도 얌전한 편이다. 하지만 철원 동북부의 강원도 DMZ 지역은 산악지형이 대부분이다. 산을 넘으면 또 산이요, 내리막길이 끝나자마자 이내 오르막길이 나타난다. 철원이라는 좁은 지역 안에서 동북부의 험준한 산악지형이 구릉을 거쳐 평야지대로 이어진다. 동쪽과 북쪽이 높고 서쪽과 남쪽이 낮은 한반도 지형의 특색이 철원군 안에 그대로 집약되어 있다.

철원(鐵原)이라는 지명에서 짐작되는 것처럼 철원은 용암이 분출하여 형성된 지역이다. 그래서 철원에는 제주도처럼 현무암이 널리 분포되어 있고, 이 현무암으로 만든 각종 공예품들이 철원의 특산품 가운데 하나다. 그리고 용암이 흐른 대지 위에 평야가 발달하여 일찍부터 쌀농사가 번창했고 많은 사람들이 모여들기 시작했다.

이처럼 번영을 구가하던 철원은 38선 이북에 위치한 고장이었다. 1945년부터 소련 군정의 지배에 놓이게 된 것이 철원이 몰락하는 결정적 계기였다. 철도와 도로가 끊어지고 서울과의 인연도 단절되었다. 이어 전쟁이 터지자 철원은 그야말로 격전의 현장이 되어 불바다가 되다시피 했다.

민통선 안의 철원평야

철원에는 높은 산도 많지만 평야도 드넓다. 강원도 최대의 쌀 산지가 철원이다. 여기서는 품질 좋은 오대쌀이 생산된다.

낙동강까지 밀렸다가 서울을 수복한 국군과 유엔군은 중부권 사수를 위해 철원을 반드시 손에 넣어야 했다. 하지만 남쪽이 낮고 북쪽이 높은 철원 일대는 국군의 입장에서는 탈환하기가 결코 쉬운 지역이 아니었다. 곳곳에 고지가 분포하여 방어에 나선 북한군에 유리한 지형이었다. 중부전선의 이 탈환하기 어려운 지역 일대를 통칭하는 말이 '철의 삼각지대'다. 가장 북쪽의 평강을 정점으로 하여 서쪽의 철원과 동쪽의 김화를 잇는 삼각형 모양의 이 일대는 중부전선의 심장부이자, 이 일대를 장악하지 않고는 중부전선을 사수할 수 없는 전략적 요충지였다. 게다가 이 철의 삼각지대는 북한군이 처음 남침을 개시할 때부터 공격의 본거지로 삼았던 곳이다. 공격과 방어에 유리한 지리적 이점을 북한군도 최대한 활용하고 있었던 것이다. 전쟁 발발 이후 우리 군의 입장에서는 당연히 초토화시키고 반드시 장악해야 하는 지역이었다.

치열한 전투 결과, 평강을 제외한 철원과 김화는 남한에 수복되었다. 하지만 군사적 요충지를 차지하게 되었음에도 불구하고 철원은 회복하기 어려운 상처를 입었다. 우선 철원 전체가 수복된 것이 아니어서 지금도 북한의 철원군 지역에는 남한의 철원군 지역보다 두 배나 많은 인구가 거주하고 있다. 또 전쟁 이후 수복된 철원 땅의 상당부분은 DMZ와 민통선에 갇히는 신세가 되어 철원은 개발에서 뒤처지고 사람들의 관심에서 멀어졌다. 철원을 통과하여 북쪽과 동쪽으로 향하던 도로들은 철원에서 끝나게 되고, 경원선과 금강산 철길이 통과하던 철도는 아예 철원으로 들어오지도 않게 되었다. 중부권 최대의 도시가 변방의 농촌마을로 퇴락한 것이다. 최근에야 연천군의 신탄리역에서 철원군 가장 서쪽의 백마고지역까지 경원선 철길이 연장되어 철원군에도 마침내 기차가 다니게 되었다.

노동당사와 옛 철원 도심

신탄리역이 있는 경기도 연천군 신서면 지역은 본래 강원도 철원 땅이었는데, 1963년에 행정구역이 조정되면서 연천으로 편입되었다. 자동차로 연천군 신서면에서 철원군으로 넘어올 때 그 경계가 될 만한 변변한 고개나 물줄기 하나 넘지 않았는데 갑자기 경기도에서 강원도로 경계가 바뀐다는 느낌을 받게 되는 것은 바로 이런 이유 때문이다. 철원 땅에 들어서서 처음 만나는 기차역이자 철원군의 유일한 기차역이 백마고지역이다. 여기서 조금만 동쪽으로 더 가면 이내 철원의 구도심에 도착한다. 그리고 가장 먼저 외지인을 맞는 것이 바로 철원 노동당사다. 70여 년 전에 지어진 것이라고는 믿기 어려울 정도로 웅장한 규모의 콘크리트 건물이지만 지금은 그 골조만 남아 있다. 주변엔 논밭과, '지뢰' 표지판들이 연이어 있는 수풀뿐이어서 이곳이 철원의 옛 중심가였다는 사실을 상상하기는 쉽지 않다.

노동당사는 1946년 초 이곳이 북한 땅이었을 때 철원군 조선노동당이 시공하여 그해 말에 완공한 3층 규모의 러시아식 건물이다. 2층과 3층은 바닥이 내려앉아 그 구조를 알 수 없고, 1층에만 방들이 어떻게 나뉘어 있었는지 알 수 있는 벽들이 남아 있다. 사무실로 사용했음직한 방들이 있으나, 몇 개의 방은 너무나 협소하여 취조실로 사용되었을 가능성이 높다고 한다.

6·25전쟁이 일어나기 전까지 공산 치하에서 반공 활동을 하던 많은 사람들이 이곳에 잡혀와서 고문과 무자비한 학살을 당했다. 노동당사 뒤편에 설치된 방공호에서 사람의 유골과 실탄, 철사줄 등이 발견된 것으로 보아 당시의 참상을 짐작할 수 있다.

서태지와 아이들이 이곳에서 뮤직비디오를 촬영하면서 유명세를 타기 시작했고, KBS의 〈열린 음악회〉가 녹화되기도 했다.

철원 노동당사

철원은 6·25전쟁 이전에는 북한에 속했다. 일찍이 철원은 1914년에 경원선이 개통되고, 1931년에 철원-내금강 간 금강산 전기철도가 개통되면서 교통, 산업, 관광 중심 도시로 발전했다. 북한의 조선노동당은 1946년에 지역주민들을 강제로 동원하여 노동당사를 세웠다. 러시아식 3층 건물로 지어진 이 노동당사에서 공산주의에 반대하던 수많은 사람들이 고문 속에 죽어갔다.

북한에서 노동당사는 단순히 당원들의 집합소가 아니다. 정치와 행정의 실질적인 중심기관이다. 김화와 평강까지를 관리하며 수많은 반공인사들을 색출하여 처벌하던 철원의 노동당사는 지금 남한의 등록문화재로 지정되어 관리되고 있다.

민통선에서 풀려난 노동당사를 우측에 두고 그 앞에 설치된 민통선 초소를 통과하면 6·25전쟁 이전의 철원 도심이 나타난다. 물론 지금은 민통선 안이고 주변에는 오대쌀이 생산되는 철원평야의 논뿐이다. 얼음창고, 농산물검사소, 제2금융조합 등 번성하던 시기의 철원을 짐작케 해주는 몇몇 유적지에 건물들의 잔해가 남아 있을 뿐이다. 남아 있는 잔해만으로도 이 건물들이 100년 전에 얼마나 대단한 위용을 자랑했을지 짐작할 수 있고, 철원의 본래 모습이 어떠했는지 어느 정도 상상이 가능하다.

옛 철원역과 월정리역

좀 더 민통선 안으로 깊숙이 들어가면 옛 철원역사가 나타난다. 녹슨 철길과 플랫폼의 일부가 평야 한가운데 덩그러니 남아 있어 마치 짓다 만 영화 세트장을 방불케 한다. 지금 폐허가 되었지만 철원역사 역시 한때는 규모나 중요성 면에서 보통의 역과는 사뭇 다른 곳이었다.

현장에 설치된 안내문에 따르면 철원역은 서울과 원산을 잇는 경원선의 중심역이자 금강선 전철의 시발점이었다. 철원평야의 중심에 위치하고 5만 평의 부지에 서기관급 역장 외에 80여 명의 역무원이 근무하는 큰 역이었다. 서울까지 2시간, 원산까지는 3시간이 걸렸고, 철원역에서 금강선 전철에 오르면 4시간 30분 만에 내금강역까지 갈 수 있었다고 한다.

옛 철원역사를 지난 후 동북쪽으로 뻗은 평화로를 조금 더 달리면 월정리역과 두루미관이 나타난다. 현재 철원읍 홍원리에 위치한 월정리역은 본래 이보다 더 북쪽에 있던 경원선의 간이역이었다. DMZ 안에 있던 폐역을 1988년 지금의 위치에 복원했다. 6·25전쟁 당시 월정리역에서 마지막 기적을 울렸던 객차의 잔해 일부와 유엔군의 폭격으로 부서진 인민군의 화물열차 골격이 보존되어 있다. 그 앞에는 "철마는 달리고 싶다"는 팻말이 세워져 있다. 산맥을 타넘고 평야를 힘차게 달려 남북의 사람과 물자를 운송하던 열차는 지금 녹슨 잔해로만 남아 있고, 폐역에는 표를 파는 역무원도 표를 사려는 승객도 없어 황량하기만 하다.

기차의 녹슨 잔해

철원은 일제시대까지 한반도의 대표적인 도시였다. 금강산에 가기 위해 사람들은 서울에서 증기기관차를 타고 철원까지 온 다음 철원역에서 가장 최신식인 전차로 갈아탔다. 당시의 경원선을 달리던 기차의 잔해가 폐역이 된 월정리역에 남아 있다.

월정리(月
가
vŏn

역 마당을 가로지르면 이내 두루미관이 나타나는데 본래는 적을 관측하는 OP이자 전망대로 이용되던 건물이다. 철의 삼각 전망대로 불리던 이 건물은 전방에 숲이 우거지면서 제 기능을 하기 어려워졌고, 인근에 평화전망대가 세워지면서 지금의 두루미관이 되었다. 흰색으로 도색된 건물 안에는 두루미를 비롯하여 철원평야를 찾는 각종 철새들, 철원 지역의 각종 야생 동식물 등에 대한 정보가 잘 정리되어 전시되고 있다. 두루미관의 북쪽 담장은 곧바로 남방한계선 철책이어서 DMZ 안의 풍광 역시 손에 잡힐 듯 가깝게 보인다. 이 일대는 산악이 아닌 평야지대여서 전시관 역시 낮은 둔덕에 자리 잡고 있지만 시야는 확 트여 있다. 울창한 수풀과 우거진 녹음, 곳곳에 자리한 웅덩이들이 사람의 손을 타지 않은 원시의 자연을 아낌없이 보여준다. 앞에는 고요하고 평화로운 수풀, 뒤에는 곡식이 무르익는 평야가 펼쳐진 이 지역은 그러나 남북이 총구를 맞대고 있는 최전방이자 철조망에 묶여 지금도 피를 흘리고 있는 비극의 땅이다.

© Son Min Seok

월정리역의 녹슨 간판

월정리역은 철원에서 금강산 쪽으로 이어지던 철길의 간이역이었다. DMZ 안에 있던 폐역을 1988년 지금의 위치에 복원해놓았다. 월정리역의 녹슨 간판이 지금은 버려진 폐역이 되었음을 말해주고 있다.

평화전망대와 태봉국 도성지

철원평야는 넓디넓은 평야다. 산이 많지 않고 있어도 높지 않다. 이처럼 드넓은 철원평야의 한복판에 자리 잡은 작은 산이 하나 있는데, 그 이름이 삽슬봉이다. 지금의 월정리역에서 멀지 않은 곳에 있으며, 산이라는 이름을 붙이기도 민망한 해발 219미터의 봉우리다. 하지만 드넓은 평야 한가운데 위치하여 전쟁 시에는 반드시 차지해야 할 요충지였다. 고작 200미터 갓 넘는 봉우리지만 고려시대부터 봉수대가 설치되었을 정도로 중요한 군사적 거점이다. 6·25전쟁의 치열한 격전지인 이 고지에서만 수백 명의 젊은이들이 목숨을 잃었다고 한다. 포탄을 얼마나 퍼부었는지 산이 마치 아이스크림 녹듯이 녹아내렸다고 해서 이후 아이스크림 고지로 불리게 되었다.

그 아이스크림 고지를 지나 얼마 가지 않으면 철원평야에 물을 대기 위해 만든 동송저수지가 있고, 저수지 바로 옆 홀로 솟은 산 위에 평화전망대가 앉아 있다. 평야 한가운데 우뚝하게 솟은 산 위에 지은 전망대라 동서남북의 모든 방향으로 시야가 제한을 받지 않는다. 북서쪽 발밑에 궁예가 세운 태봉국의 도성 터가 있다는데, 당연히 인공적인 구조물의 흔적은 육안으로 보이지 않는다. 그저 듬성듬성 모여 있는 나무들과 평탄지를 가득 메운 풀밭이 드넓게 펼쳐져 있을 따름이다. 그 너머로 북녘의 산들이 오선지를 오르내리는 음표들처럼 연이어 서에서 동으로 달리고 있다.

평화전망대에서 바라보는 DMZ의 풍광은 전망대 이름 그대로 너무나 평화로워서 도무지 이곳이 24시간 365일 긴장과 대결이 끊이지 않는 분단의 최전선이라는 사실이 실감 나지 않는다. 찾아오는 관광객들도 적지 않고 모노레일이라는 최첨단 운송장치도 마련되어 있어 제주도의 어느 관광지를 찾은 것 같기도 하다. 하지만 푸른 숲속에는 노루만 뛰어다니는 것이 아니고, 짙푸른 풀 밑에는 개구리만 뛰어노는 것이 아니다. 어디에 적의 수색대 병사들이 매복해 있을지 모르고, 어디에 어떤 지뢰가 매설되어 있는지 알 수 없다. 아름답고 고요한 DMZ의 풍경은 마치 폭풍 전야의 고요처럼 극도의 긴장이 느껴진다. 사라예보의 뒷골목에서 울려 퍼진 한 발의 총성으로 제1차 세계대전이 시작될 줄 누가 짐작이나 했겠는가. 전망대에서 내려다보이는 이 평화롭고 아름다운 풍광의 맨 밑바닥에는 한반도 전체를 쑥대밭으로 만들고도 남을 엄청난 화약들이 이미 장전된 채로 묻혀 있다. 누군가 여기서 성냥불 하나 잘못 그어 던진다면 그건 단순한 산불이 아니라 우리 민족 전체의 몰락을 부르게 될 것이다. 가장 여린 풀꽃들로 뒤덮인 DMZ 안의 평화를 지키는 것이야말로 통일보다 먼저 해야 할 일이다.

© ROKA

철원 평화전망대 앞의 DMZ

드넓은 평야를 풀들이 차지하고 있다. 인간이 지구에 나타나기 이전의 풍경을 보는 듯하다. 여기에 궁예는 태봉국을 건설하고 이전에도 없고 이후에도 없을 미륵의 새 나라를 건설할 백일몽을 꾸었었다.

제2땅굴과 천왕봉OP

철원군 동송읍 양지리는 본래 민통선 안에 있던 민통선 마을이었다. 이 마을을 끼고 있는 토교저수지 역시 마찬가지다. 철새 도래지이자 독수리의 월동지로 알려지면서 찾는 사람들이 많았지만 출입은 쉽지 않았다. 그런데 최근에 양지리 마을 일부와 토교저수지 입구가 민통선에서 해제되면서 누구나 언제든 찾을 수 있게 되었다. 하지만 토교저수지에서 실제로 독수리떼를 만나는 건 생각처럼 쉽지 않았다. 12월과 1월에 걸쳐 겨울에만 두 번이나 찾았지만 독수리의 모습은 볼 수 없었다. 세 번째 찾은 2월이 되어서야 독수리를 볼 수 있었다.

양지리 마을에서 민통선을 지나 북쪽으로 올라가면 제2땅굴이 있다. 이 제2땅굴을 보기 위해서는 당연히 민간인 통제소를 지나야 하는데, 양지리의 통제소는 늘 영농활동을 위해 오가는 트럭들로 붐빈다. 그만큼 민통선 안의 평야지대가 넓고 크기 때문이다. 이처럼 파주에서부터 연천과 철원에 이르는 지역의 민통선 안에는 경작지가 넓게 분포되어 있지만, 철원을 지나면 경작지가 현저히 줄어들다가 나중에는 거의 없는 지역도 나타난다. 산악 지역으로 바뀌기 때문이다.

철원군 근동면 광삼리에 위치한 제2땅굴은 1975년 3월 24일 처음 발견되었다. 지하 50~160미터 지점에 있고 총 길이는 3.5킬로미터이며, 내부에는 대규모 병력이 모일 수 있는 광장이 마련되어 있고, 출구는 3개로 갈라져 있다. 이 땅굴이 발견될 당시 수색하던 우리 군 일곱 명이 북한군이 설치한 부비트랩에 의해 희생되었다. 1시간에 약 3만 명의 무장병력이 이동할 수 있으며, 야포는 물론 전차까지 통과할 수 있다. 군사분계선으로부터 900미터 남쪽에 위치해 있는 땅굴이다.

이렇게 발견된 제2땅굴 위쪽의 고지에는 사단에서 운영하는 관측소 중 한곳인 천왕봉OP가 있다. 천왕봉OP는 본래 DMZ 안에 설치된 GP였는데, 제2땅굴이 발견되면서 OP로 전환되었다.

"제2땅굴은 군사분계선에서 900미터 떨어진 지점에 위치하고 있습니다. 우리의 남방한계선은 그보다 훨씬 뒤쪽에 있었으나 땅굴이 발견되면서 유엔사와 협의하여 철책을 군사분계선 쪽으로 추진하게 되었고, 그 전에 GP였던 이곳을 관측소로 운영하게 된 것입니다."

그러고 보니 천왕봉OP의 구조는 여느 OP와는 사뭇 다르다. 일종의 방공호와 같은 건물 구조에 적을 관측할 수 있는 시설도 무척이나 비좁다.

"적 GP와의 거리는 1.2킬로미터이고, 언제라도 도발이 일어날 수 있기 때문에 잠시도 긴장을 늦추지 않고 있습니다."

소초장의 설명이 계속된다. 그의 설명이 아니더라도 적과 이렇게 가까이에서 대면하고 있다는 사실만으로도 방문객의 다리가 휘청거릴 지경이다. 어느 쪽이든 경계병이 실수로 소총의 방아쇠만 당겨도 바로 총격전이 벌어질 수 있는 곳이다.

"저희 천왕봉OP 왼편으로 보이는 백마고지는 철원평야가 한눈에 내려다보이는 전략적 요충지입니다. 때문에 지난 1952년 10월 주인이 스물네 번이나 바뀌는 치열한 전투가 열흘 동안이나 지속되었습니다. 그 오른쪽의 저격능선은 아군과 북한군의 전투로 수만 명의 사상자가 발생한 곳이고, OP 정면의 고암산은 김일성이 백마고지 전투에서 패해 사흘간 통곡했다고 해서 김일성고지라 불리는 곳입니다."

소초장의 설명을 듣고 있자니 이 인근이, 아니 철원군 전체가 얼마나 치열한 격전지였는지 새삼 깨닫게 된다. 철 성분이 많아서 번개도 유난히 자주 친다는 고장이 철원이다. 그런 철원에 세상 그 어느 지역보다도 많은 포탄과 화약이 쏟아졌고, 그 결과로 수많은 포탄의 탄피와 총탄의 탄피, 녹슨 철모가 남게 되었다. 이제는 낡은 철조망까지 허리에 두르게 되었으니 철원의 운명도 참으로 기구하다.

천왕봉OP에서 본 토교저수지

현재의 드넓은 철원평야를 적시던 물줄기는 본래 북쪽의 봉래호에서부터 내려오던 것이다. 전쟁 후 북한은 이 물줄기를 연백평야로 돌려버렸고, 1970년대에 우리 정부는 이 지역에 4개의 인공호수를 만들었다. 그중에 가장 대표적인 저수지가 바로 토교저수지다. 물이 맑고 깊어서 수많은 어류들이 서식하고 있다.

토교저수지의 물오리떼

강원도에서 가장 큰 인공호수인 토교저수지는 겨울 철새의 낙원이기도 하다. 두루미 종류는 물론이고 겨울이면 독수리들이 월동을 하러 시베리아에서부터 여기까지 찾아온다. 겨울이 시작되자 가장 먼저 이곳을 찾은 물오리들이 길게 떼 지어 앉아 있다. 새벽마다 일제히 날아오르며 장관을 연출한다.

천왕봉OP와 철책

철원에서부터 동쪽으로는 산들이 높고 많아진다. 고지마다 초소들이 세워져 있고,
철책은 가파른 산을 타고 오르내린다. 사진의 좌측이 철책선 안쪽의 DMZ다.

또순OP

또순이는 청성OP에서 병사들과 함께 생활한다. 그렇다고 수색을 위해 훈련된 군견은 아니다. 외로움과 향수를 달랠 길 없는 최전방 부대의 병사들은 이렇게 집에서 기르는 것과 똑같은 개를 기르며 또 하나의 가족을 만들었다. 또순이는 추위와 더위 속에서도 불평하지 않고 기꺼이 병사들의 친구가 되어준다. 병사들을 닮아가는 걸까? 전방을 응시하는 또순이의 시선이 예사롭지 않다.

© ROKA

산악 오토바이크

가장 기동성을 요하는 곳이 최전방 철책이다. 하지만 산악 지형이 많아 일반 차량으로는 그런 기동성을 확보할 수 없다. 이런 사정을 감안하여 철원의 6사단에는 전군 최초로 산악 오토바이크가 보급되었다.

© ROKA

"제일 먼저 달려갑니다."

어디서 무슨 일이 터지든 산악 오토바이크는 가장 먼저 달려간다. 산악 오토바이크는 침투한 적을 조기에 차단해 격멸하고, 무거운 짐이나 부상자를 실어 나르고, 전방의 넓은 지역을 신속하게 수색·정찰할 수 있는 장점을 가지고 있다.

155밀리 포 사격 훈련

철책을 경계하는 최전방 부대의 병사들은 중화기가 아니라 휴대 가능한 개인 화기로 무장하고 있다. 그 대신 이들의 바로 뒤에서 전우들이 155밀리 포를 비롯한 화력으로 이들을 지원하기 위해 오늘도 구슬땀을 흘리고 있다.

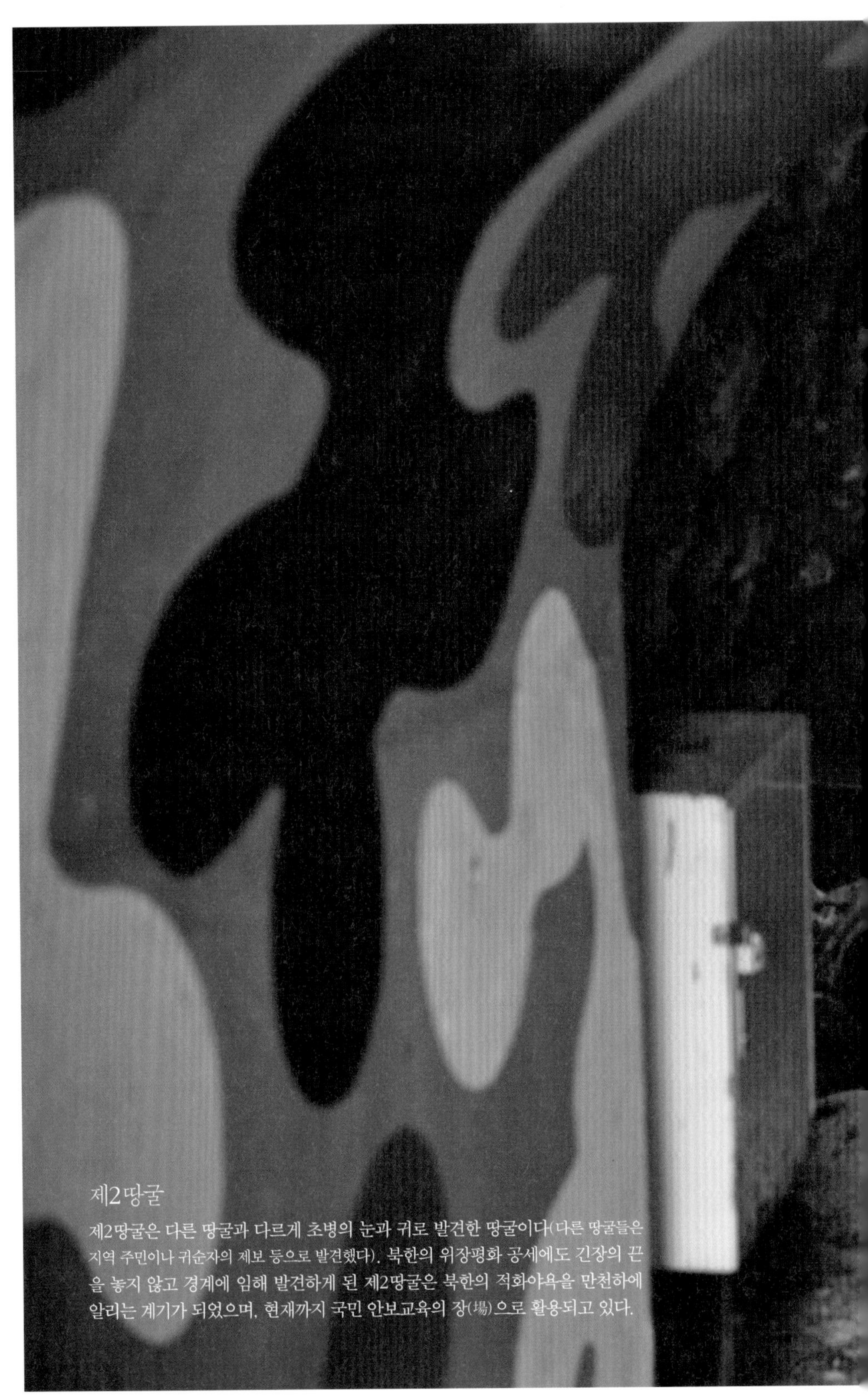

제2땅굴

제2땅굴은 다른 땅굴과 다르게 초병의 눈과 귀로 발견한 땅굴이다(다른 땅굴들은 지역 주민이나 귀순자의 제보 등으로 발견했다). 북한의 위장평화 공세에도 긴장의 끈을 놓지 않고 경계에 임해 발견하게 된 제2땅굴은 북한의 적화야욕을 만천하에 알리는 계기가 되었으며, 현재까지 국민 안보교육의 장(場)으로 활용되고 있다.

철원의 민통선 마을들

휴전선 아래의 남방한계선 철책에서 5~15킬로미터 거리의 구간은 민통선으로 묶여 있다. 민간인이 마음대로 드나들 수 없는 땅이지만 이 구역에도 논밭이 있고 마을이 있으며 사람들이 살고 있다. 민통선 안에 있는 마을들은 그 성격도 여러 가지다. 우선 파주에 있는 대성동 마을의 경우 북한의 기정동 마을과 더불어 휴전협정에 의해 공식적으로 생겨난 마을이다. 위치도 단순히 민통선이 아니라 DMZ 안에 존재한다. 따라서 대성동 마을은 사실 엄밀한 의미에서 민통선 마을은 아니다. 이런 특별한 마을 외에도 민통선 안에는 몇 가지 종류의 마을들이 존재하는데, 본래의 주민들이 거주하는 마을, 실향민 중심의 마을, 예비군 중심으로 새로 개척된 마을 등이 그것이다. 이런 민통선 마을들이 가장 집중적으로 분포되어 있는 지역이 바로 철원이다. 그만큼 민통선 안에 삶의 터전이 넓기 때문이다. 파주에 2개, 연천에 1개의 민통선 마을이 있는 데 반해, 철원에는 모두 6개의 민통선 마을이 있다. 이길리, 정연리, 유곡리, 양지리, 마현1리, 마현2리 등의 마을이 그것이다.

이길리와 정연리는 두루미로 유명한 마을이다. 한탄강 상류와 드넓은 철원평야에 겨울이면 수많은 두루미들이 날아들어 철새 사진을 찍는 사람들 사이에서는 반드시 찾아야 하는 곳으로 정평이 나 있다. 양지리는 토교저수지를 낀 마을로 역시 독수리의 월동지로 유명한 마을이다. 가장 동쪽에 위치한 근남면 마현리는 1960년에 조성된 가장 오래된 민통선 마을 가운데 하나다. 그 출발부터가 매우 특이했는데, 1959년 태풍 사라가 경상북도 울진을 강타하자 그 이재민들을 이주시켜 만든 마을이다. 북한의 선전마을에 대응한다는 정부의 시책과 이재민에게 삶의 터전을 제공한다는 명분이 맞아떨어져 생겨난 마을인 셈이다.

대성산 정상에서 바라본 마현리

철원에 있는 대표적인 민통선 마을이다. 평야가 넓은 철원에는 민통선 안에도 농지가 드넓어서 여러 개의 민통선 마을들이 생겨났다.

그렇게 이주한 이재민들은 초기에는 잘 곳이 없어 군용 텐트에서 지냈고, 육군에서 배급하는 잡곡으로 밥을 지어 생계를 유지했다고 한다. 돼지감자를 캐먹거나 탄피를 수집하여 생계를 유지하기도 했다. 그러면서 폐허를 갈아엎어 옥토를 만들고 군인들과 함께 밤마다 경계를 서며 마을을 건설했다. 사고도 끊이지 않아서 지뢰에 목숨을 잃거나 다리를 다치는 사람들이 적지 않았다. 이렇게 육지 속의 섬으로 고립된 민통선 마을에서 사람들은 고달픈 삶을 영위하면서도 미래에 대한 희망을 버리지 않았고, 지금 대다수의 민통선 마을은 다른 그 어느 마을들보다 부자 농촌을 건설하는 데 성공했다.

이처럼 민통선 마을 사람들의 삶이 나아지고, 여러 마을들이 민통선에서 해제되면서 일상의 자유가 회복되고 있는 것은 매우 고무적인 일이다. 하지만 민통선의 크기가 점차 줄어들고 민통선 마을들이 저마다의 특색을 잃고 일반 마을들과 똑같이 변화되는 것이 반드시 좋은 일만은 아니다. 우선 민통선 지역은 자연환경 면에서 청정 지역으로 널리 알려져 있고, 실제로 민통선 지역을 여행하다 보면 다른 곳에서는 볼 수 없는 오래된 숲과 천연의 모습 그대로를 간직한 물길이며 웅덩이들을 수없이 볼 수 있다. 거기 사는 동식물들 또한 다른 곳과 달리 매우 다양한 것으로 보고되고 있다. DMZ 안의 잦은 산불로 인해 환경 면에서는 오히려 DMZ 안보다 민통선 지역이 더 우수하다는 평가도 있다. 이런 민통선 지역이 나날이 줄어들고 있다는 것은 결코 축복만은 아닐 것이다. 주민들의 자유로운 일상을 보장하되 민통선 지역의 환경을 보전하고 민통선 마을만의 역사와 문화를 보존할 수 있는 길을 함께 모색해야 한다.

금강산 철교와 오성산

철원의 민통선 마을 가운데 하나인 근북면의 유곡리 통일촌은 1973년에 제대 군인과 민간인 등을 이주시켜 만든 정착촌이다. 지난 18대 대선 당시 전국에서 제일 작은 투표구로 언론에 널리 알려진 마을이다. 모두 115명의 유권자가 살고 있으며, 전국의 모든 읍면동 선거구 가운데 가장 작은 선거구이자 가장 북쪽에 설치된 투표소였다.

정연리에서 유곡리로 들어가기 위해서는 민통선 초소를 통과한 후 한탄강을 건너야 한다. 정연리에는 철원역을 출발하여 금강산으로 향하던 옛날 전차가 한탄강을 건너던 철교가 지금도 남아 있다. 이 지역을 흘러 임진강으로 합류되는 한탄강은 용암이 흘러 만들어진 강으로 곳곳에 단애가 발달해 있다. 여기에 오염원이 전혀 없는 강물과 기암괴석들이 어우러지니 어디를 둘러봐도 한 폭의 풍경화다.

그런 강물 위로 "끊어진 철길! 금강산 90키로"라고 새겨진 붉은색 철교가 놓여 있다. 속초나 고성에서 출발하던 최근의 금강산 관광에만 익숙한 서울 촌놈에게 철원에서 내금강까지의 거리가 100킬로미터도 안 된다니 그저 신기할 따름이다. 이처럼 남북을 갈라놓은 철조망은 사람들의 지리적 관념마저 바꾸어놓았다. 서울에서 금강산에 가기 위해서는 일단 속초로 가서 배나 자동차를 타야 한다는 생각은, 우리나라가 분단국가라는 아픈 현실에서 비롯된 것이다. 의정부를 거치고 동두천을 지난 후 철원에서 곧장 북동진하면 이내 금강산이다.

금강산 철교

1921년부터 철원역을 출발해 금강산을 오가던 전차가 지나던 한탄강 위의 철교다.
"끊어진 철길! 금강산 90키로"라는 문구가 분단국가의 아픈 현실을 그대로 말해주고 있다.

철 길 ! 금
산 90

철원평야의 오리떼

철원은 두루미와 오리 등 겨울철새의 낙원이다. 청정한 환경과 더불어 드넓은 농지에 떨어진 알곡들이 이들의 먹이가 되기 때문이다.

들판에 나타난 고라니

민가가 없는 민통선 안쪽 논에 고라니가 나타났다. 인적이 드문 이곳은 고라니를 비롯한 야생동물들이 마음대로 뛰어놀 수 있는 낙원이다.

© ROKA

© Paik Chul

재두루미와 흑두루미

철원에 찾아오는 철새는 한두 종류가 아니지만 재두루미(226쪽 사진)와 흑두루미(227쪽 사진)는 특히 사람들의 사랑을 많이 받는다. 우아한 몸매와 화려하면서도 세련된 깃털의 색깔이 매혹적이다.

독수리의 비상

시베리아에서 날아오는 겨울철새 중에는 독수리도 있다. 이 멸종위기의 새는 그 개체수가 점점 줄고 있어 철원의 철새들을 사랑하는 사람들의 가슴을 아프게 하고 있다.

오성산의 남쪽

오성산은 철원 일대에서 가장 높은 산이자 북한군의 엄청난 화력이 숨겨진 죽음의 산이다. 산세가 웅대하고 수려한 오성산은 임진강의 지류인 한탄강의 발원지다.

© Paik Chul

DMZ 안의 한탄강 상류

북한 강원도 평강군 오성산에서 발원하여 철원을 지난 후 연천에서 임진강에 합류하는 강이 한탄강이다. 우리나라의 그 어느 강보다 변화무쌍하고 풍광이 수려하기로 유명하다. 현무암으로 형성된 용암지대를 관류하기 때문에 곳곳에 수직의 절벽과 협곡이 형성되어 절경을 이룬다.

이 지역을 지키는 백골부대의 병사들이 경계하고 있는 철책선 바로 앞 북한 지역에 거대한 산이 하나 솟아 있다. 인근이 평야 지역인지라 유독 도드라져 보이고 압도적으로 느껴지는 산이다. 이 산의 이름은 오성산(五聖山)으로, 높이가 1,062미터에 달하여 철의 삼각지대 안에서 유일하게 1,000미터가 넘는 산이다. 중앙의 본봉을 비롯하여 동서남북에 각각 네 봉우리가 있어 오성산으로 불린다. 오성산은 한탄강의 발원지이며, 북한군에게는 남한의 철원 지역을 감시하기에 최적의 장소이자 전투 발생 시 최고의 요충지가 되는 고지다. 6·25전쟁 당시 김일성이 국군 장교의 군번줄 한 트럭과도 바꾸지 않겠다고 했다는 산이 바로 이 산이다. 당연히 지금도 북한에서는 최고의 요새이자 전진기지로 활용되고 있다. 오성산은 완전 요새화가 되어 대포 3,000문이 벙커에 숨겨져 있으며, 북한군 3개 사단이 주둔하고 있고, 그 외에 각종 특수부대와 전차부대 등 어마어마한 병력과 화력이 배치되어 있다고 한다. 산의 내부는 얽히고설킨 동굴로 이어져 있고, 철로가 놓여서 기차가 다닐 정도로 우리에게는 위협적인 산이다.

다른 한편으론 바보 온달과 평강공주의 전설이 전해 내려오는 산이기도 하다. 오성산의 바로 뒤편이 북한의 평강고원이고, 오성산 서쪽에는 서방산이 있다. 서방산은 평강공주가 서방님인 온달장군을 훈련시킨 곳이라는 전설이 서린 산이다.

민들레 없는 민들레들판

멸공OP의 우측 DMZ 안은 거대한 들판이다. 벌판 전체가 온통 갈대를 비롯한 풀들로 뒤덮여 있고, 간간이 잡목이 보인다. 그 한쪽으로 한탄강이 흐른다. 혹시 들판에 이름이 있느냐고 물었더니 안내를 맡은 공보장교가 '민들레들판'이란다.

아, 얼마나 정겨운 이름인가. 아마도 봄이면 흰 민들레들이 지천으로 피어나고, 홀씨들이 사방으로 휘날릴 것이다.

"이름은 민들레들판인데 민들레는 거의 없습니다."

이건 또 무슨 소릴까? 공보장교의 설명이 계속된다.

"잘 아시는 것처럼 철원은 현무암 지대입니다. 어디를 파든 구멍이 숭숭 뚫린 현무암들이 나옵니다. 저기 저 한탄강 주변은 더 말할 것도 없습니다. 그런데 이 지역 원주민들은 그 현무암을 '멍돌'이라고 했고, 저 들판을 '멍돌 뜰'이라고 불렀다고 합니다. 현무암 들판이라는 말입니다. 아마 '멩돌' 정도로 발음한 것 같습니다. 미군이 작성한 작전지도에도 현지인들의 발음을 따서 멘들(mendle)로 표기되어 있습니다. 하지만 나중에 현지인들이 모두 떠나고 외부인들만 남아서 '멘들'이나 '멩돌'을 '민들레'로 해석하게 되었고, 이로 인해 민들레 없는 민들레들판이 생겨나게 된 것입니다."

우리는 고개를 주억거렸다. 전쟁과 분단으로 지명이 와전되었던 것이다. 이처럼 와전된 지명을 철원 곳곳에서 찾아볼 수 있다.

민들레들판

옥토임이 분명한 이 들판은 그러나 철책으로 둘러싸인 채 잡풀만 무성하다. 현무암(멍돌)이 많아 멍돌 뜰이라 부르던 것이 와전되어 민들레들판이 되었다. 민들레는 거의 보이지 않는다.

러시아도 있고 미국도 있고

돌아오는 차 안에서 철원의 추위에 대한 이야기가 화제로 떠올랐다.

"2010년인가, 정연리의 기온이 영하 30.5도까지 떨어졌었다는 뉴스를 본 기억이 나요. 같은 날 시베리아의 기온은 영하 19도였죠."

"그럼 철원에 비하면 시베리아는 온대지방인가요?"

"그래서 철베리아라는 말이 생겼답니다. 철원 플러스 시베리아죠."

"그런데 여름엔 또 그렇게 덥다네요."

"아마 내륙인 데다가 분지여서 그럴 겁니다. 저도 여름에 철원의 최고 기록이 몇 도를 기록했다는 뉴스를 자주 들은 것 같아요."

"그야말로 군대생활하기 참 어려운 곳이네요. 여름엔 무진장 덥고 겨울엔 무진장 춥고."

"백골부대 명성이 그냥 생겼겠어요? 이렇게 험난한 지역에서도 가장 뜨겁게 군대생활을 하는 친구들이 백골부대 병사들이죠."

일동은 조용히 고개를 끄덕인다. 백골부대 출신은 아니지만, 모두 그 말을 충분히 공감할 수 있었기 때문이다.

"철베리아 얘기가 나와서 말인데, 우리가 오늘 저녁에 묵게 될 철원군 서면 와수리라는 동네는 와수베가스라고 불린다네요."

"와수리 플러스 라스베가스?"

"네, 그 정도로 번화한 동네라는 뜻이겠죠."

하지만 서울 사람이 실제로 본 와수리는 전혀 번화하지 않았다. 다방과 당구장과 오락실, 그리고 몇 개의 식당과 술집들이 전부인 시골의 작은 마을일 뿐이다. 그러나 부대에 PX가 없는 것은 물론이요, 1주일에 한 번 오는 황금마차(이동식 PX)마저 홍수며 눈사태로 끊기기 일쑤인 전방에서 생활하는 병사들에게 와수리는 충분히 별천지일 수도 있을 것이다. 휴가 갈 때 버스를 타는 곳도 와수리요, 누군가 면회를 왔을 때 밥을 먹고 유흥을 즐길 수 있는 곳도 이들에겐 와수리뿐이다. 멀리 있는 라스베가스보다야 가까운 와수리가 훨씬 현실적이고, 기왕이면 가보기 어려운 라스베가스를 끌어들여 나름대로 부족함과 아쉬움을 보상하고 있는 셈이다. 그러고 보면 철원에는 러시아(철베리아)도 있고 미국(와수베가스)도 있다.

겨울의 민통선 안 철원평야

철원은 남한에서 가장 추운 곳 가운데 하나다. 한겨울 수은주는 영하 30도까지 떨어지고, 최전방 고지의 체감기온은 영하 50도에 육박한다.

헬기 동원한 겨울나기 준비

최전방 부대들은 가을부터 기나긴 겨울을 맞이할 준비에 들어간다. 자동차로 갈 수 없는 산간 오지에 위치한 최전방 부대에는 장병들의 생명줄이나 다름없는 겨울나기 연료와 식량 등을 겨울이 오기 전에 헬기로 수송한다.

승리전망대와 저격능선

김화읍을 휘돌아 나간 뒤 한탄강에 합류하는 화강의 최북단에 승리전망대가 있다. 15사단이 운영하는 관측소이자 일반인에게도 개방되는 전망대로, 휴전선 155마일 정중앙에 위치한다. 산 정상에 있고 전방이 탁 트인 평야지대여서 시야가 거칠 것 없이 멀리까지 이어진다. 경원선 철길의 흔적, 도로의 흔적은 물론 광삼평야와 그 너머의 북한 마을인 아침리 마을까지 관측된다. DMZ 안에는 버려진 철탑도 보인다. 운이 좋으면 북한군이 이동하는 모습도 볼 수 있다고 한다.

"전방에 보이는 개천은 화강의 상류입니다. 화강은 남대천으로도 불리는데 김화읍을 통과하여 한탄강에 합류되는 하천입니다. 물 반 고기 반이라는 말이 있을 정도로 많은 어류들이 서식하고 있다고 합니다."

안내를 맡은 장교의 설명이다.

"좌측에 보이는 산은 계웅산으로 3사단 관할 지역입니다. 6·25전쟁 당시 에티오피아에서 온 병사들이 북한 및 중공군과 접전을 벌이던 고지입니다."

6 · 25전쟁 당시 에티오피아는 아프리카 대륙에서 유일하게 지상군 6,037명을 파병했고, 이 가운데 123명이 전사했다. 이후 60년이 흐른 지금, 전쟁을 지원하던 에티오피아와 그들의 도움이 아니고서는 전쟁을 수행할 수조차 없던 우리의 처지는 많이 바뀐 형국이다. 정치적 유불리를 떠나서 이들의 도움을 잊어서는 안 될 것이다.

"10시 방향에 보이는 산이 오성산이고, 11시 방향에 보이는 해발 580미터의 산이 저격능선입니다. 국군과 미군이 배치되어 오성산의 중공군을 막아낸 곳입니다."

이 일대의 봉우리치고 전적지 아닌 곳이 어디 있겠으며, 이 일대의 개울치고 피로 물들지 않은 개울이 어디 있으랴만, 저격능선은 최근 중국과 한국 모두에서 일반인의 관심이 집중되고 있는 곳이다. 특히 저격능선 인근의 고개인 상감령(上甘嶺)은 중국이 6·25전쟁 승리의 성지로 여기는 곳이다. 이를 기념하기 위해 1956년 〈상감령〉이란 영화도 만들었다. 영화의 내용은 중공군이 대형 동굴을 만들면서까지 미군에 대항하여 마침내 값진 승리를 얻었다는 것이다. 반면에 우리는 공보장교의 설명대로 국군 2사단과 미군 7사단이 저격능선에 주둔하여 오성산에 둥지를 튼 중공군을 막아냈다고 해석한다.

"12시 방향 정면으로는 북한의 하소리 협동농장이 보입니다. 그 위쪽에 아침리 마을이 위치하고 있습니다."

육안으로 보기에도 버려진 들판이 아니라 농경지로 가꾸어진 곳임이 분명한 지역들이 보인다. 하지만 민가나 사람들의 모습은 멀어서 알아보기 어렵다.

"DMZ 안에 보이는 도로의 흔적은 43번 국도의 연장선이며, 3시 방향에 보이는 산이 해발 1,073미터의 적근산입니다. 철원과 화천의 경계지점에 위치한 산으로 한겨울에는 체감온도가 영하 50도까지 내려간다는 산입니다."

철원의 산 아래 마을도 겨울 기온이 영하 30도까지 떨어지는데 1,000미터 넘는 더 북쪽의 산 정상의 겨울 기온은 말해 뭐하겠는가. 한겨울 매서운 바람이 몰아치면 체감온도는 영하 50도까지 내려간다. 이런 강추위 속에서도 우리 병사들은 적의 동태를 감시하고 철책을 지키며 한겨울의 밤을 꼬박 지새우고 있다.

승리전망대 앞 DMZ의 운무

산과 물이 어우러진 철원의 DMZ에는 운무가 자주 낀다. 위에서 바라보는 풍경은 황홀하지만 철책을 지키는 병사들에게 안개는 최대의 장애물이다.

철책은 계단을 따라

10월 초 승리전망대 앞의 DMZ에는 어느새 가을이 찾아왔다. 나뭇잎들은 울긋불긋 물들기 시작했고, 철책을 따라 난 좁은 길가에는 구절초들이 만개했다. 이보다 서쪽의 철책선에서는 만나기 어려웠던 좁고 가파른 계단들이 인상적이어서 초소와 초소 사이를 걸어보기로 했다. 10분도 지나지 않아 이마에 땀이 맺히고 숨이 턱까지 찬다. 바야흐로 본격적인 산악지형이 시작되는 것이다. 20분 정도 그렇게 가파른 계단을 오르고 나자 벌써부터 계단이라면 진절머리가 나기 시작한다.

"저희 소초가 맡은 구역에서 제일 높은 곳에 위치한 초소까지는 1,200개 정도의 계단을 올라가야 합니다. 높이는 930미터입니다."

인근의 소초에서 만난 소초장에게 가장 높은 소초에 대해 물었더니 그렇게 대답한다. 방금 전 우리가 숨이 차고 땀이 나게 걸어 올랐던 계단은 고작 300개 정도에 불과했다. 참으로 가소로운 숫자다.

63빌딩의 높이가 해발 264미터, 계단의 수가 총 1,251개라고 한다. 사람들은 여기서 자신의 한계에 도전하는 계단 오르기 마라톤 대회를 해마다 열고 있다. 그런데 15사단의 장병들이 철책 경계를 위해 매일 오르내리는 계단의 수가 1,200개란다.

"하루에 많게는 세 번, 적게는 두 번 정도 왕복합니다."

경계를 서고 있는 병사에게 물었더니 그렇게 대답한다. 참으로 대견하다는 생각도 들지만 한편으로는 안타깝기도 하다. 아마도 이들이 전방의 최전선 부대에서 싸워 이겨야 할 첫 번째 적은 바로 이 계단일지도 모르겠다. 〈진짜 사나이〉라는 텔레비전 프로그램에 백골부대가 소개되었을 때 까치계단과 독수리계단이 함께 소개된 적이 있다. 외국인인 샘 해밍턴(Sam Hammington)은 프로그램에서 수직으로 나 있는 계단을 오르며 사다리를 오르는 기분이라거나, 허벅지가 터지는 줄 알았다며 연방 신음을 토해냈다. 아마 재미있게 하려고 일부러 꾸며낸 말만은 아닐 것이다. 실제로 일반인이 이런 계단을 오르내리기란 보통 힘겨운 일이 아니다.

철책과 계단

산이 많은 전방에서 철책은 적들이 기어 올라오기 어려운 비탈에 설치된다. 그만큼 기복이 심하고 순찰로에는 계단이 많을 수밖에 없다. 산책로가 아니어서 계단은 높이가 제각각이고, 계단 아래 흙이 얼고 녹기를 반복하는 사이 이리저리 뒤틀리기 일쑤다.

하지만 까치계단의 계단은 고작 200개를 조금 넘을 뿐이다. 계단이란 것이 경사가 얼마나 급한지, 그리고 계단 하나의 높이가 얼마나 되는지에 따라 고통의 수위가 달라지는 것이긴 하지만, 계단 숫자로만 놓고 보자면 조족지혈(鳥足之血)이다. 실제로 샘 해밍턴이 프로그램을 녹화한 지역은 승리전망대가 있는 15사단 지역보다 조금 서쪽, 그러니까 상대적으로 평야지대에 가까운 철책이다.

"처음 한 달 정도는 힘들었지만 지금은 적응이 돼서 괜찮습니다. 동부전선으로 가면 이보다 더 심한 계단도 많다고 들었습니다."

계단 때문에 힘들지 않느냐는 질문에 병사는 태연히 웃으며 대답한다. 자기보다 더 힘든 환경에서 근무하는 전우들이 있다는 사실에 감사할 줄 아는 그가 대견하면서도 한편으로는 마음이 짠하다.

위도 아래도 위험천만

병사들이 한겨울 얼어붙은 가파른 계단을 오르며 철책을 점검하고 있다. 얼어붙은 계단을 오르내리는 병사들은 미끄러지지 않기 위해 계단 한 칸을 오를 때마다 온 신경을 집중한다.

Story 05

화천

구름에 옷깃이 젖는 산상도시

화천은 높은 산과 맑은 물 외에는 자랑할 게 별로 없는 동네다. 길은 계곡 사이에 위태롭게 걸려 있고, 민가는 물가에만 옹기종기 모여 있다. 안개가 자주 끼어 인간계(人間界)가 아니라 선계(仙界)에 더 가까운 동네가 화천이다. 구름이 가까워서 무시로 옷깃을 적시게 되는 이 별천지에도 전쟁의 상흔은 고스란히 남아 있고, 병사들은 오늘도 보이지 않는 적들을 찾아 가파른 계단을 오르내린다.

화천은 대표적인 접경 지역으로 알려진 곳이지만 사실 행정구역상 화천군에 DMZ는 거의 없다. 육군 7사단이 화천에 주둔하며 최전방의 경계를 담당하고 있는데, 이들의 생활 근거지는 화천이지만 이들이 지키는 최전방 철책은 대부분 행정구역상 철원군에 속한다. 말하자면 화천의 서쪽은 물론 북쪽 역시 대부분이 지금의 철원군, 옛 김화군에 속하는 지역이다. 휴전선 너머의 북한 지역은 지금도 마을 이름이 김화군이다.

그렇다고 화천이 후방의 평화로운 동네인 것은 아니다. 다른 어느 지역보다 넓은 지역이 민통선 안에 갇혀 있고, 나머지 대부분의 지역은 파로호를 중심으로 하는 호수거나 산지다. 농사지을 땅이 좁고 거주할 수 있는 마을도 비좁아서 관광이 무엇보다도 중요한 소득원이다. 산천어축제의 성공은 그래서 화천 사람들에게 더없이 반가운 소식이다. 그러나 한때 전국 중고생들의 필수 수학여행 코스였던 평화의 댐이 점차 사람들의 관심에서 멀어지면서 화천의 경제에는 비상이 걸렸다. 이를 돌파하기 위해 화천군은 평화의 댐 일원에 추가로 관광지를 조성하는 한편, 새로운 평화생태특구 조성 사업도 시작했다. 민통선 안에 있는 백암산(1,179미터) 일대를 세계 최고 수준의 생태공원으로 조성하여 관광객들을 유치하겠다는 사업이다. 화천의 DMZ 안에 이어 민통선 안에서도 멸종위기종인 사향노루가 발견되었다는 보도가 나오고, 북한강 최상류에는 천연기념물인 황쏘가리가 대단위로 서식하고 있다는 보고도 들린다. 가진 것이라곤 반짝이는 물과 60년 동안 아무도 밟지 않은 천혜의 자연밖에 없는 곳이 화천이다. 그리고 이것이 세계 평화의 성지를 꿈꾸는 화천군 최고의 자산이다. 이들의 실험이 어떤 경로를 거쳐 어떤 결과를 가져올지 자못 흥미롭다.

산양리 사방거리

최전방 부대의 병사들에게 세상은 완전히 이질적인 2개의 공간으로 구분된다. 부대 안과 부대 바깥 세상이 그것이다. 화천의 군인들이 휴가를 나와 처음으로 자유와 유흥과 일탈을 맛보는 부대 바깥 세상이 바로 사방거리다. 휴가를 마치고 부대로 복귀할 때 마지막으로 눈에 담아두는 곳 역시 사방거리다. 이 민간 마을에 자유와 활력의 기운이 넘치는 것은 아마도 저당 잡힌 군인들의 자유가 일시에 폭발하기 때문일 것이다.

© Choi Tae Sung

사방거리에서 칠성전망대까지

철원에 와수베가스가 있다면 화천의 서부 최북단에는 산양리가 있다. 속칭 사방거리로 통하는 동네다. 화천 인근에서 군 생활을 했던 사람이라면 모르는 이가 없을 정도로 유명한 동네다. 초등학교 하나밖에 없는 작은 마을이지만 인근의 군인들에게는 부대 바깥의 가장 크고 넓은 세상이다. 편의점과 서점과 식당과 술집들이 작은 시골 마을에 빼곡하게 들어차 있다. 여느 시골의 농촌마을과는 사뭇 분위기가 다르다. 규모가 작아서 군사도시라고 하기는 어색하지만 최전방에 위치한 군인들의 천국임은 분명하다.

이 사방거리에서 민통선 초소를 통과하여 북쪽으로 올라가면 7사단이 운영하는 관측소이자 일반인들에게도 개방되는 칠성전망대가 있다. 전망대 가는 길은 전후좌우가 모두 산이어서 여름의 녹음과 가을의 단풍을 즐기기에 더없이 안성맞춤이다. 이 길을 화천군은 명품 은행나무 가로수길로 조성할 계획이라고 한다. 그러고 보니 화천읍에서 사방거리로 향하는 길에도 이미 오래된 은행나무 가로수들이 빼곡히 들어차 있던 모습이 떠오른다. 구름 한 점 없는 11월 초의 푸른 하늘을 배경으로 오로지 노랗게, 여타의 잡다한 모든 색을 제거한 채 오로지 노랗게만 나부끼는 수천 개의 은행잎들은 그야말로 장관이다.

민통선을 지나 전망대로 가는 길에서는 개천도 보인다. 북쪽의 금성천으로 합류되는 지류라고 안내를 맡은 공보장교가 일러준다. 금성천은 화천 북쪽의 DMZ를 서에서 동으로 관통하는 하천이다. 상당부분이 군사분계선과 겹치는 하천이며 나중에는 DMZ 안에서 북한강과 합류한다. 그런데 이 금성천 상류의 민통선 안 지류에는 다른 곳에서 보기 어려운 버드나무 군락이 숲을 이루고 있는 장관이 펼쳐진다. 물가에 자리한 버드나무들은 다른 나무들이 모두 잎을 떨구었음에도 불구하고 저 홀로 푸른 빛깔을 유지한 채 고고한 자태를 뽐낸다. 습지가 발달하고, 철조망과 지뢰로 인간의 발길이 닿지 않게 되면서 형성된 이 버드나무 군락지 역시 충분히 보호할 가치가 있는 자원으로 여겨진다.

칠성전망대 앞 DMZ의 운무

계곡을 가득 메운 운무가 마치 신선의 세계에 와 있는 듯한 느낌을 준다. 온통 새하얀 운무가 깔린 가운데 높은 봉우리들만 다도해의 섬처럼 고개를 내밀고 있는 광경은 북한과 600미터를 사이에 두고 있는 최전방 칠성전망대의 비장함을 잠시 잊게 만든다.

칠성전망대 앞 금성천

북한의 강원도 평강군에서 발원하여 DMZ 안을 흐르다가 김화군에서 북한강에 합류하는 하천이다. 휴전 당일까지 전투가 멈추지 않은 격전의 현장이 이곳 금성천 일대다. 여름이면 북한군 병사들이 이 강에 내려와 목욕을 하고, 물줄기 옆의 농토에서는 농사도 짓는다. 이들이 출현할 때마다 우리 병사들의 긴장도 한껏 고조된다.

칠성전망대에 오르면 우선 북녘의 산하가 발 아래로 펼쳐진다. 작은 산 너머 금성천 물줄기가 보이고, 그 너머로 다시 산들의 연속이다. 앞뒤와 좌우가 모두 산인데 다행히 산들이 높지 않아 산 너머의 산이 다시 보이고 그 너머의 산들이 또다시 겹쳐 보인다. 여기서는 첩첩산중이란 말이 비유가 아니라 현실이다. 10월에 처음 칠성전망대를 찾았을 때는 폭우가 지난 이튿날이어서 운무의 장관도 구경할 수 있었다. 발아래로 온통 새하얀 안개가 깔린 가운데 높은 봉우리들만 다도해의 섬처럼 구름 위로 고개를 내밀고 있는 광경은 신선의 세계가 이런 것이 아닐까 싶을 정도로 아름답고 오묘했다. 봉우리 위에 자리 잡은 초소며 GP들만이 이곳이 몽유도원도의 그림 속이 아니라 남북이 총구를 맞댄 최전방임을 상기시키고 있었다.

칠성전망대의 또 다른 볼거리는 전망대 자체다. 인천, 경기, 강원도의 최전방에는 여러 곳에 전망대들이 설치되어 있는데 화천의 칠성전망대만큼 세련되고 감각적인 전망대도 없다. 설치미술을 방불케 하는 건물과 시설들, 매점이나 PX가 아니라 강남의 고급 커피숍을 연상케 하는 카페테리아가 설치되어 있다. 카페 안에 앉아 통유리 너머로 DMZ를 바라보며 커피를 마시고 허기를 달랠 수 있는 곳이 칠성전망대다. 화천군이 민통선 이북 지역의 자연환경과 안보 관련 시설을 얼마나 부지런히 관광자원으로 바꾸고 있는지 실감이 난다. 그 밖에 전망대 안에는 6·25전쟁 및 DMZ 관련 전시물과 안내문들이 정연하게 설치되어 있고, 전망대 마당에는 7사단의 전적을 중심으로 6·25전쟁 당시의 여러 전투들에 대한 해설판과 전적비들이 즐비하게 늘어 서 있어 칠성전망대는 일반인에게 더 없이 훌륭한 안보 견학 장소로 거듭나고 있다.

425고지에서 만난 병사들

칠성전망대 인근의 425고지에 위치한 소초에서 병사들 몇 명을 만났다. 먼저 소초장에게 이 고지에 대한 개괄적인 설명을 부탁했다.

"이곳 425고지 일대는 남고북저의 지형을 이루고 있어 아군의 방어와 공격에 매우 유리한 지역입니다. 따라서 6·25전쟁 당시에도 이 지역을 차지하기 위한 전투가 치열하게 전개되었습니다. 특히 여러분이 지금 서 계시는 이곳 425고지를 차지하기 위한 전투는 6·25전쟁 최후의 전투로 알려져 있습니다. 1953년 7월의 휴전을 앞두고 북한군은 중요한 전력자원인 화천발전소를 탈환하기 위해 막바지 총공세를 퍼부었습니다. 아군이 그 공세를 막아낸 곳이 바로 이곳 425고지입니다. 1953년 7월 20일부터 휴전 당일인 27일까지 저희 7사단과 중공군 135사단 사이에 혈전이 계속되었고, 마침내 저희 7사단이 승리함으로써 화천발전소를 확보하는 것은 물론 현재와 같이 휴전선을 38선 북쪽으로 35킬로미터나 밀어 올렸습니다."

그러면서 소초장은 7사단이 평양에 가장 먼저 입성한 부대라는 사실과, 7사단(칠성부대)의 마크에 있는 7개의 별은 북두칠성을 의미하는 것이자 조선시대 지휘기에도 등장하는 군대의 상징이라고 설명한다. 부대에 대한 자긍심이 대단한 장교다.

"7사단은 대한민국의 대표 산악사단으로서, 저희는 산악전투에 대비한 훈련을 철저히 수행하고 있습니다."

주변에 산이 많아서 작전을 진행하기가 상당히 어렵겠다고 말하자, 소초장은 이렇게 대답했다. 7사단이 알아주는 산악사단이라는 건 이미 많은 사람들이 인정하고 있는 상식이다. 우리는 그런 형식적인 대답이 아니라 여기서 실제로 생활하는 병사들의 애로를 듣고 싶었다. 그리고 그런 진솔한 이야기는 공식적인 인터뷰가 아니라 연병장이랄 것도 없는 조그만 마당 귀퉁이에서 담배를 피우며 담소를 나누고 있는 병사들에게서 들을 수 있었다.

425고지

휴전을 앞두고 북한군은 주요 전력자원인 화천발전소를 빼앗기 위해 마지막 총공세를 퍼부었다. 6·25전쟁 최후의 전투로 알려진 이 전투에서 우리 군은 사진에 보이는 425고지에서 8일 동안 적들의 공세를 막아냈다. 영화 〈고지전〉의 모티브가 된 것이 이 425고지 전투다. 영화는 말미에서 이 보잘것없는 작은 고지를 위해 너무나 많은 피를 흘렸다며 휴머니즘을 부각시키지만, 이 작은 고지를 확보하지 못했다면 우리는 화천을 지킬 수 없었을 것이고, 화천을 지키지 못했다면 중동부전선 전체를 지금처럼 지켜내지도 못했을 것이다.

"산도 많고 계단도 정말 많습니다. 저희 사단 구간에는 네발계단이라는 곳이 있습니다. 그야말로 사다리를 타고 오르는 것처럼 거의 수직으로 만들어진 계단입니다. 발만으로는 안 되고 손까지 사용하지 않으면 올라가거나 내려올 수 없는 계단이라서 이름이 네발계단입니다."

"이등병들은 다리가 후들거려서 한동안 애를 먹는 계단입니다. 위에서 내려다보면 그야말로 아찔한 계단이고, 에스컬레이터도 이런 각도로는 만들 수 없을 겁니다."

"배우 원빈이 거기서 무릎을 다쳐 의가사 제대를 했습니다. 원래부터 무릎이 좋지 않았다지만 멀쩡한 사람도 버티기 어려운 곳입니다."

"게다가 겨울이면 눈이 와서 얼어붙습니다. 조금만 발을 잘못 디디면 그야말로 골로 가는 겁니다."

목숨을 걸고 오르내려야 하는 계단은 아마도 네발계단만은 아닐 것이다. 전방에는 구만리계곡, 독수리계곡, 오소동계곡, 고진동계곡, V-밸리, 천국의 계단, 헐레벌떡고개, 헐떡고개, 아리랑고개, 맥도날드고개 등 수많은 계곡과 고개와 계단들이 즐비하다. 이름만 들어도 대충 지형을 짐작할 수 있을 것이다. 계단이라고 해서 민간인들이 사는 아파트나 고층건물의 계단을 상상해서는 곤란하다. 전방의 계단들은 폭이 좁고 높이가 일정하지 않으며 심지어 좌우로 굽어진 곳들이 적지 않다. 파이고 깨진 곳들이 많으며, 한 단의 너비가 일정치 않아 소위 바보계단을 이루는 곳들도 드물지 않다. 게다가 계단의 수도 우리의 상상을 초월하는 곳이 많다. 이런 곳에서 군 생활을 마친 병사들 중에는 무릎 인대가 손상되지 않은 병사들이 거의 없을 정도라는 말도 들린다. 실제로 중동부에서 동부전선에 이르는 산악 지역의 전방에서 우리는 이런 계단들을 수도 없이 만났다. 춥고 험준한 산속에서 외로이 조국을 지키는 병사들에게 평생 장애로 남을 무릎 인대 손상까지 감수하라고 강요하는 건 국가와 군대가 할 일이 아니다. 계단을 정비하든, 하루에 두세 차례씩 이런 계단을 오르내리는 병사들의 근무 방식을 조절하든, 어떻게 해서라도 대책을 세워야 할 것이다.

© Choi Tae Sung

끝없는 계단

7사단은 전국적으로 유명한 산악사단이다. 이들이 지키는 화천 북쪽의 최전방 철책은 끝도 없이 이어지는 계단들을 끼고 있다. 전방의 계단들은 대부분 그 수가 우리의 상상을 초월할 정도로 많은 데다가 폭이 좁고 높이가 일정하지 않으며 가파르다. 험준한 산속에서 외로이 조국을 지키는 병사들이 가장 먼저 이겨내야 하는 것은 바로 이 계단들이다.

"동부전선에는 가보지 않아서 잘 모르겠지만 우리 7사단 지역은 정말 문자 그대로 산악 지역입니다. 후방에 있을 때에도 날마다 지겹도록 산에서 훈련을 합니다. 그래서 병사들 사이에선 전생에 일곱 가지 큰 죄를 지은 놈들만 7사단에 배치된다는 말도 있습니다."

실제로 그 정도로 힘든 지역인지 다시 묻자, 제대를 얼마 남겨놓지 않았다는 병장 하나가 조금은 심드렁하게 대답한다.

"군견 있잖습니까? 수색이나 경계에 함께 데리고 다니는 개 말입니다. 그 군견도 낙오하는 지역이 바로 7사단 지역입니다."

아마 거짓말은 아닐 것이다. 개라도 거의 수직으로 된 계단은 오르기 힘들 것이다.

"무릎 보호용 아대가 보급되고 철계단에 고무 깔판을 조금 더 깔았으면 좋겠습니다. 지역이 지역인지라 험난한 계단은 어쩔 수 없다고 하더라도, 병사들의 무릎을 조금이라도 보호할 수 있는 수단이 있다면 좀 더 적극적으로 지원해야 한다고 생각합니다."

이렇게 최전방의 병사들은 오늘도 적과 마주한 채 수많은 전투를 치르고 있다. 너무 덥거나 너무 추운 날씨와도 싸워야 하고, 개들도 올라가기 힘든 계단과도 싸워야 한다. 비가 오면 무너진 진지와 싸워야 하고, 눈이 오면 길을 뚫기 위해 싸워야 한다. 전방에 흔한 멧돼지를 비롯한 동물들 역시 반가운 손님만은 아니다. 캄캄한 밤중에 순찰로에서 정면을 응시하고 있는 멧돼지와 마주친다고 상상해보라. 도망갈 곳도, 숨을 곳도 없다. 암구호도 통하지 않고 비명을 지를 수도 없다. 총이 있다지만 함부로 쏠 수 있는 무기가 아니다. 그럴 때 야생동물은 이들에게 가장 가깝고 가장 현실적인 적이 된다. 수많은 싸움의 대상들 가운데 가장 걱정스런 것이 무엇이냐고 묻자, 일병 하나가 이렇게 대답한다.

"아마도 추위가 아닐까 싶습니다."

11월 초라지만 전방의 밤은 이미 영하의 기온이다. 12월이 지나고 1월과 2월이 되면 이곳의 기온도 영하 30도를 오르내릴 것이다.

"전역한 선임병에게서 너무 추워서 발을 쏴버리고 싶더라는 얘기를 들었습니다."

그만큼 추운 곳이다. 북쪽이어서 춥고 산속이어서 더 춥다. 산골짜기로 불어오는 북풍이어서 춥고 인가가 끊어진 곳이어서 더 춥다. 이들에게 눈은 낭만이 아니고 바람은 단순한 공기의 흐름이 아니다. 이들보다 세상에서 더 뜨겁게 봄을 기다리는 사람들은 어디에도 없을 것이다.

백암산의 부식 추진 케이블카

7사단의 거의 모든 작전 지역은 험한 산악지형이다. 백암산 중턱에 자리 잡은 소초는 우측 바로 아래의 계곡에 있는 인근 소초에 부식이며 각종 물자 등을 공급하는 역할도 맡고 있다. 물론 작전도로가 없는 것은 아니다. 하지만 경사가 너무 급하고 굴곡이 심해 가급적이면 차량을 운행하지 않고 이미 설치된 케이블카를 이용한다고 한다. 육안으로 보기에도 시멘트로 포장된 도로의 경사는 상상을 초월한다. 걷기에도 힘겹고 험난할 정도로 경사가 가파르고, 좌우로 꺾이는 각도는 뾰족한 삼각형의 모서리보다 날카롭다. 길이 아니라 차라리 등산로에 가깝다. 철책선 후방 민통선의 비교적 평탄하게 잘 닦인 도로들과 비교하면 길이라는 이름이 무색할 지경이다. 이 소초에서도 사방으로 보이는 것은 오로지 산뿐이다.

최전방의 부식 추진 케이블카

높은 산은 깊은 계곡을 만들고, 깊은 계곡은 가파르고 험준한 길을 만든다. 차가 다니기 어려운 이 길의 끝에 있는 병사들을 위해 케이블카가 설치되어 일용할 물품과 양식을 운반한다.

양의대습지와 오작교

평화의 댐 이북에 있는 북한강 상류의 강안에 양의대습지로 불리는 보호 지역이 있다. 이 습지에는 멸종위기 동물 1급인 수달, 산양, 사향노루, 매 등이 서식하고 있다. 또 멸종위기 동물 2급으로 지정된 삵, 담비, 새호리기, 가는돌고기, 돌상어 등도 살고 있다. 이처럼 양의대습지는 보호 가치가 높은 야생동물이 서식하거나 도래하는 곳이다. 최근 황쏘가리가 대량 서식하는 것으로 밝혀진 지역도 이 주변이다.

이 양의대습지에서 북한강은 곧장 북으로 달려 올라간다. 하지만 이내 북한강의 상류를 찾아 올라가는 길은 철조망에 가로막힌다. 남방한계선 철책이다. 하지만 남북을 잇는 길은 끊어져도 동서를 잇는 철조망은 끊어지지 않고, 철조망을 관리하고 경계하기 위한 도로 역시 끊어지는 법이 없다. 차량이 다닐 수 있는 길은 제한적이지만 도보로 다닐 수 있는 길은 서쪽 끝에서 동쪽 끝까지 1센티미터도 단절되지 않는다. 북한강 우리 측 최상류에는 강을 동서로 횡단하는 다리가 하나 놓여 있다. 이름하여 오작교다. 오작교의 서쪽은 화천의 7사단이, 동쪽은 양구의 21사단이 맡아서 GOP 경계를 담당하고 있다. 그러므로 여기서의 오작교란 견우와 직녀가 아니라 7사단과 21사단이 만나는 다리라는 의미다. 다리 위에 서면 저만치 계곡 사이로 꼬리를 감추는 북한강의 푸른 물길이 보이고, 전후좌우는 다시 산들이다.

오작교 서쪽의 7사단 관할구역 마지막 초소에 올라가보았다. 초소는 보기에도 깎아지른 절벽 위에 있어 오르기가 쉽지 않아 보인다. 하지만 그 초소에 올라가면 북한강의 상류가 더 멀리까지 보일 듯하여 안내 장교의 만류에도 불구하고 벼랑으로 난 계단을 밟아 올라가기 시작했다. 그러나 채 5분도 지나지 않아 후회가 밀려오기 시작한다. 맨손으로 오르는데도 이내 숨이 차고 허벅지가 당긴다. 10분을 채우지 못하고 중간에 주저앉았다. 숨이 턱밑에까지 차올라 저절로 헉헉거리게 된다.

몇 번을 서서 쉬고 또 몇 번을 앉아서 쉬며 어렵고 힘들게 30분쯤을 올라가자 마침내 밑에서 목표로 삼았던 초소가 나타난다. 앞장서서 올라갔던 안내 장교와 초소 안의 경계병들이 빙긋이 웃는 얼굴로 우리 일행을 맞이한다. 이마에 맺힌 땀을 닦으며 아래를 내려다보니 무거운 카메라를 맨 일행 하나는 여전히 저만큼 아래에 있다. 날마다 총을 들고 이 계단을 오르내릴 병사들을 생각하니 부끄럽고 안타깝고 미안하다.

"정확히 세어보진 않았는데 300개 정도 될 겁니다."

고작 300개란다. 어이가 없다. 어지간한 봉우리 하나를 수직으로 올라온 줄 알았는데 고도는 200미터 정도다. 실제로 고개를 돌려보니 철책은 더 높은 곳으로 계속 이어져 있다. 계단도 그렇다. 밑에서 봤을 땐 벼랑에 가려 보이지 않던 철책이고 길이다. 여기선 길도 지뢰고 계단도 적이다. 훨씬 더 잘 보일 것으로 짐작했던 북한강 최상류의 물줄기는 밑에서 보던 것과 별반 다르지 않다. 계곡이 깊어서 물길이 이내 산 저편으로 사라지기 때문이다.

"강은 적들이 몰래 침투하기에 매우 용이한 루트입니다. 그래서 철책 주변은 물론 강안을 감시카메라까지 동원하여 철저히 경계하고 있습니다."

실제로 물 밑으로 침투하는 적을 막기 위해 다리 아래에도 철조망이 쳐져 있고, 7사단의 수색대 병사들은 고무보트를 사용하여 북한강 상류 지역을 수색하거나 정찰한다고 한다. 산도 적의 은신처요, 물도 적의 은신처니 여기서는 사방이 경계 지역이다.

260
255
250

평화의 댐

서울과 인근 도시에 사는 수천만 시민의 젖줄이 한강이고, 이 한강의 본류 가운데 하나가 금강산에서 발원한 북한강이다. DMZ 너머 북한강 상류에는 금강산댐이 있고, 이 댐의 물로 북한군이 수공을 해올 위험에 대비하여 만든 초대형 댐이 화천에 있는 평화의 댐이다.

© Choi Tae Sung

북한강 상류의 오작교

북한강을 따라 북으로 올라가다 만나게 되는 북한강 최상류의 남방한계선이다. 병사들이 오가는 다리가 하나 놓여 있는데 그 이름이 오작교다. 견우와 직녀가 아니라 7사단과 21사단이 만나는 다리라는 의미다.

벼랑 위의 철책

평화의 댐 위쪽, 북한강의 상류는 강의 양안이 깎아지른 절벽이다. 이 절벽에도 남방한계선 철책은 어김없이 세워져 있다. 병사들은 매일 바위투성이 절벽에 위태롭게 매달린 계단을 오르내린다.

눈 내린 북녘의 산하

화천의 북쪽에서 산들은 북으로 갈수록 높아진다. 우리 측 고지들에 비해 적의 고지들이 더 높은 곳이 많다. 흰 눈이 북방한계선을 지워놓아서 어디까지가 DMZ고 어디서부터가 적의 땅인지 분간하기 어렵다.

© Choi Tae Sung

Story 06

양구

저절로 10년이 젊어지는 땅

6·25전쟁 당시 치열한 격전지였던 양구는 한반도의 정중앙에 위치해 있어 흔히 '한반도의 배꼽'으로 불린다. 높은 산들이 즐비하여 절경을 이루지만, 농토도 적고 인구도 적어 그 어느 접경지역보다도 황막하기 그지없다. 이름난 관광지조차 한산하다. 조선시대 양구 현감을 지낸 송구빈은 "고을이 고요하니 마음마저 고요하고 사람이 드무니 할 일도 드무네"라고 노래하기도 했다. 오랜 세월이 흐른 지금도 크게 다르지 않지만, 그 대신 양구는 두타연, 용늪, 백석산, 펀치볼 등 기이하고 아름다운 자연으로 이곳을 찾는 사람들에게 힐링과 건강을 선사한다.

태백산맥이 남북 방향으로 길게 이어지면서 양구 대부분의 지역을 높은 산들이 차지하고 있다. 양구에는 1,000미터 넘는 산들이 즐비하다. 우선 양구의 동단부에는 가칠봉(1,242미터), 대우산(1,179미터), 대암산(1,304미터)이 남북방향으로 연달아 있다. 중앙부에 지혜산(1,024미터)이 있고, 서단부에 어은산(1,277미터), 백석산(1,142미터), 사명산(1,198미터)이 있다. 이런 산악지형에 주둔하면서 GOP를 지키는 사단이 21사단 백두산부대다. 부대 마크에는 3개의 산 모양이 도안되어 있는데, 병사들 사이에서는 앞에도 산이요 뒤에도 산이고 좌우에도 산이어서 산 3개가 부대를 상징하는 마크가 되었다는 우스갯소리가 전해진다. 양구는 이처럼 높은 산들이 차지하고 있는 지역의 계곡과 계곡 사이에 사람들이 모여 사는 고을이다.

소지섭길과 두타연 갤러리

양구읍에서 북쪽으로 곧장 뻗은 31번 국도를 따라가다 도사리에서 460번 지방도로로 갈아타면 이내 도고터널이 나오고, 이 터널을 지나면 얼마 가지 않아 고방산리가 나온다. 북쪽에서 내려온 수입천이 이곳을 지나 계속 남진하다가 파로호로 흘러든다. 고방산리보다 조금 하류에는 수입천이 만들어내는 직연폭포가 있는데 양구의 대표적인 여름 관광지 가운데 하나다.

고방산리에서 460번 지방도로를 버리고 우측으로 난 길로 접어들면 두타연으로 들어가는 입구다. 좌측에 백석산 전투 전적비가 있다. 전적비 우측에 소지섭 두타연 갤러리가 있고, 여기서부터 두타연에 이르는 8킬로미터 길이의 길 이름도 소지섭길이다. "양구에 오면 10년이 젊어진다"며 양구가 자랑하는 최고의 걷기 좋은 길 가운데 하나가 바로 이 길이다. 이곳에 소지섭길이라는 도로 명칭과 그의 이름을 딴 갤러리가 들어선 것은 배우 소지섭이 2010년 포토 에세이집을 출간하면서 양구의 아름다움에 반하여 그 풍광들을 책에 많이 담았기 때문이다. 이후 소지섭은 양구의 홍보대사 역할도 맡고 있다고 한다.

© Choi Tae Sung

북한강 최상류의 철책

북한강 우측을 담당한 21사단 병사들이 철책을 점검하고 있다. 풀은 아직도 여름 꿈에 젖어 있는데 산에는 단풍이 물들었고 병사들은 겨울용 장갑을 끼고 있다. 전방에는 겨울이 빨리 오고 봄은 느리게 온다.

양구의 최고 명소, 두타연

소지섭길을 따라 조금 올라가면 21사단의 이목정 통제소가 나온다. 민통선이 시작되는 지점이다. 양구가 최고의 관광지로 꼽는 두타연 계곡은 이렇게 민통선 안에 있다. 여기서 출입 절차를 거친 후 비포장도로를 5분쯤 달리면 마침내 두타연이다.

좁은 계곡을 따라 급하게 내려오던 수입천 물줄기는 두타연 직전에 넓은 개활지를 만나면서 유속이 느려지고 개울의 폭도 조금 넓어진다. 그러다가 너르고 느리게 모였던 물이 갑자기 좁은 바위 틈새로 몰려들더니 이내 아찔할 정도로 높은 폭포가 되어 아래로 일시에 쏟아진다. 그 자리에 깊은 못이 생겼고, 이것이 두타연이다. 흰 물보라와 요란한 폭포 소리가 적막한 산속에 메아리를 일으키며 일대 장관을 연출한다. 폭포와 연못만이 아니다. 연못가에는 깎아지른 절벽이 있고, 절벽에는 보덕굴이라 불리는 굴도 있다. 연못에 떨어진 폭포수는 다시 평탄한 물길을 따라 너르게 퍼지며 천천히 하류로 흘러가는데, 물빛이 그야말로 방금 옹달샘에서 솟아난 물과 다르지 않다. 이 일대가 열목어의 최대 서식지가 된 것은 우연이 아니다. 그런 물길의 중앙과 좌우에는 기암괴석들이 일부러 흩뿌려놓은 것처럼 여기저기 널려 있다. 그리고 이런 두타연 일대를 60년 동안 철조망에 의해 보호된 천혜의 자연경관이 호위하고 있다. 단풍이라도 드는 철이면 누구나 저절로 입이 벌어질 정도로 숨 막히는 경치가 펼쳐진다.

두타연계곡과 두타폭포

민통선 안에 위치한 수입천의 물줄기가 좁은 계곡을 따라 내려오다가 갑자기 낭떠러지를 만나 무서운 기세로 쏟아져 내린다. 두타라는 이름은 천 년 전에 있었다는 두타사(頭陀寺)라는 절 이름을 따서 지었다. 두타(頭陀)란 "삶의 걱정을 떨치고 욕심을 버린다"는 뜻인데, 실제로 두타연계곡의 수정같이 맑은 물살이 폭포를 만들며 흘러내리는 모습을 보노라면 세상사 시름을 잊게 된다.

두타연과 보덕굴

양구가 자랑하는 최고의 명소가 바로 두타연이다. 민통선 안에 있어 천혜의 아름다움이 그대로 보존되어 있다. 사진 오른쪽에 보이는 작은 동굴이 보살이 덕을 쌓는다는 보덕굴이다. 반세기 넘게 사람의 발길이 불허된 금단의 땅은 전쟁의 상처를 보듬어 자연의 보물을 우리에게 선사한다.

© Choi Tae Sung

야생의 숲, 백석산

두타연 서쪽의 산들 가운데 가장 높은 산이 백석산(1,142미터)이다. 최근 우리 정부는 DMZ 일원을 유네스코 생물권 보전 지역으로 등재하기 위해 노력하고 있는데, 이 사업과 관련하여 가장 주목받는 지역 중 하나가 바로 이 백석산 일대다.

2012년 5월에 발표된 환경부의 조사 결과에 따르면, 백석산에서 멸종위기종 1급인 사향노루의 서식이 확인되었다. 사향노루의 서식이 확인된 곳은 국내에서는 화천의 DMZ와 백암산, 그리고 이곳 백석산이 유일하다. 사향노루 외에 백석산에는 산양, 하늘다람쥐, 담비, 삵 등 멸종위기 포유류가 안정적으로 서식하고 있다고 한다. 산림의 보존 상태도 양호하여 야생동물 396종이 서식하고 있을 뿐만 아니라 야생식물도 361종에 이를 정도로 다양하게 분포하는 것으로 나타났다. 민통선 이북 동부 지역인 양구, 인제, 고성엔 신갈나무 군락이나 소나무 군락 등 식생보전등급 1·2등급이 대부분을 차지하고, 승마, 매자나무, 연령초, 노랑갈퀴, 홀아비바람꽃, 회리바람꽃, 갈퀴현호색 등 자생 야생식물들이 풍부하게 분포하는 것으로 조사되었다. 또 양구의 수입천을 비롯한 DMZ 일원의 하천 생태계는 우리나라에서 인위적 교란이 가장 적고 주위 산림식생과 어우러져 수려한 경관을 보였으며, 산간 계류 고유의 어류상을 잘 유지하고 있는 것으로 밝혀졌다. 특히 확인된 36종의 어류 중 14종이 고유 어종일 정도로 수생태 환경이 잘 보전되어 있다고 한다. 이는 민통선 이북 지역이 생물 다양성의 보고이자 멸종위기 동식물의 천국임을 의미하는 것이다. 철조망 덕분에 복원된 생태계, 철조망 덕분에 생겨난 아이러니이자 가장 소중한 미래의 자산이 아닐 수 없다.

60년 전의 백석산은 중동부전선 최대의 격전지였다. 두타연 입구에 세워진 백석산 지구 전투 전적비가 이를 말해주고 있다. 백석산 지구 전투란 1951년 8월부터 10월까지 우리 국군 7사단과 8사단이 북한의 12사단과 32사단을 상대로 백석산 정상을 탈환하기 위해 치른 전투를 말한다. 당시 미군은 피의 능선 전투를 전개하고 있었으며, 백석산 지구 전투 역시 이 전투의 연장선에서 이루어진 전투였다.

피의 능선이란 양구 북쪽 백석산 일대의 983고지, 940고지, 773고지의 세 봉우리를 잇는 능선으로, 이 작은 봉우리 3개를 차지하기 위해 아군 4,000명이 전사할 정도로 혈전이 계속되었다. 피의 능선 전투 전적비는 양구군 동면 월운리, 월운저수지 바로 옆에 있다.

이렇게 피의 능선과 백석산을 확보한 우리 군과 미군은 이어 1951년 9월부터 단장의 능선을 확보하기 위한 전투를 시작했다. 백석산에서 11킬로미터 북쪽에 위치한 일련의 고지들을 단장의 능선이라 하며, 양구와 인제의 경계 북쪽에 해당한다. 미군이 6·25전쟁 중 치른 가장 치열한 전투 가운데 하나가 바로 이 단장의 능선 전투였다.

약 한 달간 계속된 전투에서 피아 4만 명 이상이 사상했을 정도로 전투가 치열했고, 미군의 포탄만도 20만 발이 이 일대의 고지에 투하되었다. 백병전이 연일 계속되었고, 그 치열한 전투의 양상을 장이 끊어질 듯한 고통에 빗대 이 능선에 단장의 능선이라는 이름을 붙였다고 한다. 단풍이 물들기 시작하는 10월에 전투가 끝났으니 두타연을 흐르던 수입천 물은 이래저래 붉게 물들었을 것이다. 단장의 능선 전투 전적비는 월운저수지 아래의 팔랑리, 해안면으로 이어지는 453번 지방도로 옆에 있다.

지금 단장의 능선은 DMZ 안에 있다. 이 일대의 철책을 맡은 부대는 21사단으로, 백석산 이북의 고지들을 잇는 선 위에서 임무를 수행하고 있다. 우리 일행은 이들의 소초 가운데 단장의 능선이 정면으로 보이는 천지OP를 찾았다.

백석산 지구 전투 전적비

백석산 지구 전투 전적비

6·25전쟁 당시 가장 치열한 전투가 전개된 지역 중의 하나가 백석산이다. 이 전투로 백석산은 산천이 피로 물들었고 포탄으로 깊은 상처를 입었다. 그런데 지금은 남한에서 가장 뛰어난 자연환경을 갖춘 산이 되었다.

ⓒ Choi Tae Sung

천지OP 가는 길

두타연 북쪽에 위치한 천지OP까지 가는 길은 최근에야 포장이 되었다. 그런데 하필 우리가 가는 날이 포장공사를 하는 날이었다. 길 자체가 아예 봉쇄되었고, 이 때문에 우리는 1,142미터의 백석산을 빙빙 돌고 어렵게 고갯마루를 넘어 천지OP까지 갈 수밖에 없었다. 백석산 주변에 주둔한 소초들을 잇는 이 산길은 일부는 포장되고 일부는 비포장이었는데, 그야말로 오프로드 마니아들이 보면 미칠 만한 길이다. 애초에 길을 만들 수 없는 곳에 만든 길이고, 애초에 불가능한 각도와 경사도로 겨우겨우 이어놓은 길이다. 그나마 두타연에서 백석산 꼭대기까지 오르는 길은 포장도 되고 많이 정비가 되어 있었지만, 정상에서 북쪽의 계곡 아래로 다시 내려가는 길은 군용 지프가 아니면 도저히 들어설 수조차 없다. 손잡이를 잡고 있어도 몸은 전후좌우 제멋대로 흔들리고, 머리는 차의 천장과 부딪치기 일쑤다. 길은 너무나 좁고 가팔라서 지프차 한 대가 겨우 통과할 수 있고, 10센티미터만 벗어나면 벼랑이거나 절벽이다.

"이러다간 엉덩이가 남아나질 않겠네."

차 안의 누군가가 우스갯소리를 하지만 아무도 반응이 없다. 엉덩이가 아프고 잠시도 힘을 뺄 수 없는 팔이 저리기 때문이다. 그래도 창밖으로 보이는 가을의 백석산 풍경은 황홀하기 그지없다. 금방이라도 무너질 것처럼 보이는 다리를 건너가면서 본 개울에는 단풍잎들이 떠 있고, 물은 더없이 맑다. 계곡에는 푸른 이끼가 가득하고, 좁게 보이는 하늘에는 흰 구름이 둥실 떠 있다. 우리가 탄 자동차 소리만이 고요한 계곡을 울리는 가운데 고라니 한 마리가 길을 가로질러 황급히 풀숲으로 달아난다. 이를 뒤늦게 발견한 운전병도 깜짝 놀랐는지 급하게 브레이크를 밟는다.

"아무래도 쉬었다 가야지 안 되겠습니다. 운전병도 너무 힘들 것 같고."

누군가 그렇게 제안해서 우리는 위태롭게 걸린 다리 위에 자동차를 멈추고 모두 밖으로 나왔다. 사방이 산으로 막힌 가운데 제법 많은 물이 계곡을 타고 흘러내리고 있다. 어느 방향에서 와서 어느 방향으로 가는 물줄기인지 가늠하기가 어렵다. 동서남북이 모두 산으로 막혀 있다. 차에서 내린 운전병은 팔다리 스트레칭을 한참 한다. 길을 잘 찾는 것으로 보아 초행이 아닌 모양인데도 여간 긴장한 표정이 아니다. 직선으로 포장된 도로에서 승용차만 운전하고 다니던 우리 일행에게 그의 운전은 문자 그대로 전투나 묘기처럼 보인다. 제대 후 본격적으로 오프로드를 시작할지도 모를 일이다. 백석산을 넘어 천지OP로 가는 길은 그렇게 험난했다.

단장의 능선

942고지에 위치한 천지OP에서는 전방의 철책 너머로 단장의 능선이 빤히 보인다. 우리가 서 있는 고지보다 높은 산들도 적지 않다. 워낙에 산을 빙빙 돌아서 당도한 탓인지 어느 방향이 북쪽이고 어느 방향이 서쪽인지 가늠하기가 쉽지 않다. 철책이 서남쪽에서 동북쪽으로 이어지고 있는 탓에 북쪽에도 적이 있고 서쪽에도 적이 있다고 소초장이 설명해준다. 단장의 능선에는 적의 철책과 군사시설들이 밀집되어 있다는데 산 중턱에 나무를 벌목하고 만든 황톳길 외에 육안으로 보이는 것은 없다.

고지에 서서 우리를 기다린 것은 단장의 능선이라는 거대한 산맥만이 아니다. 10월 말에 이미 시작된 겨울바람이 고지를 점령하고 있다. 천지OP가 있는 고지에 어느새 겨울이 찾아든 것이다. 여기서 겨울을 나야 할 병사들의 손발은 이미 얼어붙기 시작하고 있다.

단장의 능선에서 만난 어느 병사

"여기서 어떻게 살 수 있을지 막막합니다."
배치된 지 얼마 안 된 병사는 걱정스러운 듯 말했다. 2개월 후 다시 만난 그 병사는 "이런 곳에서도 사람이 살 수 있다는 걸 알았습니다"라고 말하며 씩 웃었다.

© Choi Tae Sung

프랑스 대대 참전 기념비

6·25전쟁 당시 유엔 상임이사국이던 프랑스는 대대 규모의 지상군을 한반도에 파견했다. 이들은 미군 2사단에 배속되어 단장의 능선을 포함한 여러 전투에 참전하여 대한민국의 자유를 위해 피를 흘렸다.

대암산 용늪과 가칠봉

대암산은 양구의 동쪽에 위치한 산이자 인제군과 경계를 이루는 산이다. 백석산, 가칠봉, 대우산처럼 최전방에 있는 산은 아니지만 역시 그 정상부는 민통선 지역이다. 높이가 1,304미터로 양구 지역에 흩어진 1,000미터 이상의 높은 산들 가운데서도 단연 높은 산이고, 그만큼 전방의 적들을 관측하기에 유리한 고지다. 대암산은 그 품도 넓어서 산 아래에 양구의 대표적인 특산물을 생산하는 곰취마을이 있고, 산양증식복원센터와 식물원, 후곡약수터와 광치계곡 등이 여기저기 흩어져 있다.

그러나 대암산에서 가장 중요한 볼거리는 사실 산의 정상에 있다. 큰 용늪과 작은 용늪이 그것이다. 용늪은 대암산 정상 부근에 형성된 습지로 면적은 2,000평이 조금 넘는다. 용늪이라는 명칭은 '승천하는 용이 쉬었다 가는 곳'이라는 뜻으로 붙여졌으며, 1966년 DMZ의 생태계를 연구하는 과정에서 발견되었다. 용늪은 남한 지역에서는 유일하게 산 정상에 형성된 고층 습원(高層 濕原)이다.

늪의 바닥은 평균 1미터 깊이의 이탄층(습지에서 식물이 죽은 뒤에 썩거나 분해되지 않고 그대로 쌓여 이루어진 짙은 갈색의 층)이 발달해 있다. 용늪의 이탄층에서 추출한 꽃가루를 분석한 결과 습지가 처음 만들어진 시기는 약 4,200년 전인 것으로 밝혀졌다.

환경부의 최근 조사에 의하면 이 용늪에서는 총 319종의 식물이 관찰되어 이 지역이 생태계의 보고(寶庫)임을 다시 확인할 수 있었다고 한다. 여기에는 순수 습원 식물 22종도 포함되어 있다. 또 대암사초와 산사초, 삿갓사초 등의 사초류가 군락을 이루며, 가는오이풀, 왕미꾸리꽝이, 줄풀, 골풀, 달뿌리풀 등 물을 좋아하는 식물들도 늪 주위에서 흔하게 볼 수 있다고 한다. 끈끈이주걱과 통발 같은 희귀한 식충식물도 있고, 세계적으로 진귀한 금강초롱꽃과 비로용담, 제비동자꽃, 기생꽃도 서식하는 것으로 조사되었다.

늪 가운데에는 폭 7~8미터인 연못 2개가 있다. 물이 매우 차고 먹잇감이 부족하여 물고기가 살지는 못하지만 대신 미생물이 많이 살고 있는 늪이다. 물벼룩과 장구말이 많고, 도롱뇽과 물두꺼비, 개구리 등도 서식한다. 1989년에 자연생태계보전지역으로 지정되었고, 1997년에는 국내 최초로 람사르 습지(Ramsar wetlands)에 등록되었다.

승천하는 용이 쉬었다 가는 곳, 대암산 용늪

1973년 천연기념물 246호로 지정된 대암산 용늪은 남한 지역에서는 유일하게 해발 1,304미터 산 정상에 형성된 고층 습원이다. 1989년 생태계보전지역으로, 1999년 습지보호지역으로 지정·관리되고 있으며, 1997년 국내에서는 최초로 국제습지조약인 람사르 조약의 습지보호지역으로 등록되었다.

© ROKA

용늪의 식충식물 끈끈이주걱

용늪은 멸종위기 1급 동물인 산양이 서식하고, 또 멸종위기 2급 식물인 기생꽃, 끈끈이주걱, 삿갓사초, 금강초롱, 조름나물, 비로용담, 동자꽃 등 다양한 동식물이 서식하는 생태계의 보고다.

도솔산 고갯마루에 부는 바람

대암산 북서쪽에 높이 솟은 또 하나의 산이 도솔산(1,148미터)이다. 대우산, 수리봉, 대암산, 가칠봉 등과 더불어 태백산맥에 솟아 있는 고봉 가운데 하나로, 양구군 동면 팔랑리와 해안면 만대리의 경계에 있다. 양구읍내에서 해안면으로 갈 때 이용하던 453번 지방도로의 고갯길이 이 산에 있었지만, 지금은 돌산령 터널이 개통되어 이 길을 이용하는 사람은 거의 없다. 한겨울에 이 고갯마루까지 올라가보았다. 눈도 오지 않고 맑은 날인데도 바람 때문에 정상에서는 가만히 서 있기가 어렵다. 바람은 북쪽에서만 부는 것도 아니다. 북쪽의 바람을 피해 남쪽으로 얼굴을 돌리면 바람은 이내 남쪽에서 불어오고, 동쪽으로 얼굴을 돌리면 다시 동쪽에서 불어온다. 어디로도 도망갈 곳이 없다. 바람은 정신만 어지럽히는 것이 아니다. 12월의 1,000미터 넘는 고지에 부는 바람은 그 자체로 무기다. 흩날리는 흙먼지는 얼음알갱이가 되어 볼을 때리고, 나부끼는 옷자락 속으로 파고드는 바람은 밖에서 5분 이상 견디기가 어렵다. 그래도 이 고개의 정상에서 바라보는 해안분지의 풍경은 그 자체로 특별하다. 가칠봉 꼭대기나 을지전망대에서도 해안분지는 잘 보이지만 도솔산의 고갯마루에서 바라보는 풍경도 일품이다. 문제는 느긋하게 오래 서서 바라보기에는 바람이 너무 세다는 것. 우리는 서둘러 차를 돌려 바람이 점령한 도솔산을 내려와야 했다.

도솔산의 구절양장 고갯길

양구의 해안면은 1,000미터 넘는 산들로 둘러싸인 분지다. 이 가운데 도솔산에 길을 뚫어 사람들은 외지로 오갔다. 구불구불 산허리를 휘어감고 돌아가는 길은 보기만 해도 어지럽다. 지금은 터널이 뚫려 이 길을 이용하는 사람이 드물다.

가칠봉의 걷히지 않는 안개

해산령 터널 입구에서 터널로 들어가지 않고 453번 지방도로를 탔다가 다시 북쪽으로 뻗은 산길로 들어서면 대우산을 넘어 가칠봉으로 가는 작전도로다. 민간인들은 통제되고 군용 차량들만 이따금 다니는 길이어서 더없이 고즈넉한 산길이다. 몇 년 전 처음 이 길을 찾았을 때는 비포장 구간이 많아 어지간히 엉덩이 고생을 했는데, 최근에는 거의 전 구간이 포장되었다. 하지만 높은 산을 오르는 길인 데다가 산의 경사면에서 경사면으로 이어진 길이어서 흔들리고 위험하기는 예전이나 지금이나 마찬가지다. 초행길이라면 고생을 각오해야 하는 길이다. 우리 일행은 다행히 얼마 전 백석산에서 호된 신고식을 치른 뒤라 비교적 편안하게 흔들리고 뒤척이며 가칠봉까지 갈 수 있었다.

가칠봉(1,242미터)은 양구군 동면과 해안면의 경계에 있는 산이자 양구군 최북단의 고봉이다. 흔히 금강산의 봉우리가 1만 2,000개라고들 하는데, 사실은 금강산 남쪽의 일곱 봉우리를 합쳐야 1만 2,000봉우리가 완성되고, 그 일곱 번째 봉우리가 바로 가칠봉(可七峰)이다. 산의 이름은 여기에서 유래했다.

가칠봉 꼭대기에는 전망대가 설치되어 있으나 민간인들에게 개방되는 전망대는 아니다. 그 입구에 한자로 '가칠봉'이라 새겨진 표지석이 세워져 있는데, 글자 위쪽에 검은 호박돌이 하나 선명하게 박혀 있다. 모르는 사람이 보기에도 특이하고 멋진 표지석이다. 일행 중의 한 사람이 인터넷에서 본 내용이라며 이런 이야기를 전해준다.

가칠봉 표지석

한자로 적힌 가칠봉 글자 위에 검은 호박돌 하나가 선명하게 박혀 있는 희귀석이다. 세상에서 가장 비싸고도 유명한 표지석 가운데 하나다.

"글자가 없었다면 이 돌의 가치가 20억쯤 한답니다. 그런데 글자를 새기는 바람에 지금은 2억 정도로 추산된답니다. 그래도 아마 세상에서 제일 비싼 표지석 아닐까요?"

표지석을 지나 전망대에 올랐지만 아쉽게도 전방의 모습을 자세히 볼 수는 없다. 운무가 짙게 끼어 희미한 산야의 그림자만 보일 뿐 무엇 하나 가시적인 것이 없다. 뒤편도 마찬가지여서 해안분지 역시 흐릿하게 윤곽만 보일 뿐이다.

"1주일에 닷새는 날씨가 이렇습니다. 너무 실망하실 필요 없습니다."

안내를 맡은 공보장교의 말이다. 몇 년 전 처음 가칠봉을 방문했을 때는 날씨가 좋아 북쪽의 산하며 해안분지의 모습을 또렷하게 볼 수 있었다. 당시 우리를 안내하던 장교는 가칠봉OP와 적의 가장 가까운 GP 사이의 거리가 750미터이며, 밤에는 적군들이 속삭이는 소리까지 들린다는 얘기를 했었다. 멀리 금강산이 보인다며 손가락으로 친절하게 가르쳐주었지만, 전방에 보이는 산들이 너무 많아 어느 것이 금강산인지 쉽게 분간하기 어려웠던 기억도 난다.

6·25전쟁 당시 이 가칠봉을 차지하기 위한 전투 역시 치열하게 전개되었다. 이 전장에서 희생당한 사상자만 해도 남북한 그리고 중공군과 유엔군을 합쳐서 10만 명에 이른다고 하니 그 처절함과 참혹함을 미루어 짐작할 수 있다. 지금도 가칠봉 아래 골짜기에는 당시의 포탄 탄피들이 산더미처럼 쌓여 있다는 말이 전해진다.

가칠봉에는 표지석 외에 또 하나의 명물이 있는데 바로 수영장이다. 이 높은 최전방 고지에 수영장이 들어선 것은 남북이 서로 체제의 우월성을 주장하며 최전방에서 선전전을 수행했던 시절이 있었기 때문이다. 1992년에는 실제로 여기서 미스코리아대회 수영복 심사가 진행되었다고 한다. 지금은 병사들의 족구장으로 이용되고 있다.

가칠봉 위의 수영장

남과 북이 서로 마주볼 수 있는 곳들에 수많은 선전물들이 세워지던 시절에 만들어진 것이다. 한때 여기서 미스코리아대회 수영복 심사가 진행되기도 했다.

머리조심

펀치볼

양구는 산이 높고 골짜기가 깊어서 볼거리가 많다. 인구가 적고 교통이 불편하다 보니 개발이 지체되면서 자연환경 또한 다른 곳에 비해 뛰어나다. 양구 어디를 가든 맑은 공기와 아름다운 숲, 깨끗한 골짜기를 만날 수 있다. 이처럼 볼거리 많은 양구에서도 반드시 놓치지 말아야 할 곳이 바로 해안분지다.

분지(盆地)란 가운데가 들어가고 가장자리가 올라온 밥그릇 형태의 지형을 말하는 것으로, 양구군의 해안분지는 이 지역의 지명이 해안면이기 때문에 그렇게 붙여진 것이다. 서쪽으로 가칠봉과 대우산, 남쪽으로 도솔산과 대암산의 능선, 동쪽으로 달산령 산릉들이 감싸고 있는 지역이며, 북쪽으로도 역시 높은 산들이 둘러싸고 있다.

이처럼 사방이 고봉들로 둘러싸인 여의도 여섯 배 면적의 분지가 해안분지다. 이 분지 자체가 양구군의 가장 동쪽인 해안면을 이루고 있으며 본래는 민통선 마을이었다가 해제되었다. 민통선 마을일 당시 유일하게 면사무소와 중학교가 있는 마을로 유명한 곳이기도 했다. 주변의 산들은 대부분 1,000미터가 넘는 고봉들이고 해안분지의 밑바닥에 해당하는 부분의 해발고도는 400~600미터에 이른다.

6·25전쟁 당시 가칠봉과 도솔산 등에서는 치열한 공방전이 벌어졌고, 따라서 해안분지 역시 격전의 현장이었다. 미군 조종사들이 그 지형이 마치 화채를 담는 그릇 같다는 의미에서 이곳에 펀치볼(Punch Bowl)이라는 이름을 붙였고, 지금도 이 비공식적인 마을 이름이 해안면이라는 공식적인 이름보다 더 유명할 정도다. '양구 펀치볼 시래기' 등 특산품에도 이 이름이 사용되고 있다.

가칠봉 바로 아래의 해안분지에서는 제4땅굴도 발견되었다. 1990년 3월 3일에 발견된 이 땅굴은 군사분계선에서 1.2킬로미터 떨어진 곳에 위치하고 있으며, 높이와 폭이 각 1.7미터, 깊이가 지하 145미터이며, 총 길이는 2킬로미터가 조금 넘는다.

21사단은 땅굴 발견 이후 1992년 2월까지 37억 원을 들여 안보기념관과 기념탑을 세우고 갱도 및 갱내 시설을 설치해 안보교육장으로 활용하고 있다. 땅굴 출입구에는 발견 당시 땅굴을 수색하던 도중 북한군이 설치한 수중지뢰에 의해 산화한 군견(軍犬)을 위로하는 충견비가 세워져 있고, 땅굴 내부에서는 투명 유리 덮개로 덮인 15인승 전동차가 운행된다.

해안분지의 북쪽에는 을지전망대가 있다. 군사분계선까지의 거리가 1킬로미터에 불과한 최전방 전망대 가운데 하나다. 가칠봉의 북동쪽 사면 1,049미터 지점에 위치하고 있으며, 행정구역상으로는 양구군에 속하지만 이 전망대를 관리하는 부대는 인제에 주둔한 12사단 을지부대다.

전망대에 올라가면 북쪽으로 북한군 초소와 논밭이 보이고, 맑은 날에는 금강산 비로봉, 차일봉, 월출봉, 미륵봉, 일출봉까지 보인다. 뒤로는 펀치볼도 훤히 내려다보인다.

펀치볼

1,000미터 넘는 고봉들로 둘러싸인 이 지역의 공식 지명은 양구군 해안면이다.
이 지역에서 전투를 치른 미군들은 화채 그릇을 닮은 지형이라서 이곳을 펀치볼로 불렀다.
지금도 이 이름이 사용되고 있다.

Story 07

인제

대한민국 예비역들의 제2의 고향

태백산맥의 등줄기에 올라앉은 인제는 산세가 험하고 바람이 거세서 오래 머물기 어려운 고장이다. 그러나 가을의 단풍과 겨울의 설산 풍광만은 단연 압도적이다. 풍악산(금강산)의 가을 단풍을 구경하러 가던 나그네들이 지나던 고진동 계곡에는 오늘도 붉은 낙엽이 불타고, 겨울이면 향로봉 정상에는 전봇대만큼 눈이 쌓인다. 이 압도적인 풍광과 혹한의 고지 위에서 병사들은 오늘도 금강산과 동해를 굽어보며 총신을 어루만지고 있다.

설악산과 내린천을 끼고 있는 인제는 우리나라 최고의 관광지이자 모험 스포츠의 메카로 불리는 곳이다. 사시사철 관광객들이 넘쳐나고 주말이면 길이 막힌다. 하지만 이건 어디까지나 관광지 주변 얘기다. 육군 12사단 을지부대가 철책 경계를 맡고 있는 최전방 지역의 분위기는 완전히 딴판이다. 철책은 양구군과 인제군의 경계에 있는 을지전망대에서 시작되어 연이은 고봉들을 따라 향로봉 앞을 거친 다음 고성군과의 경계인 건봉산 앞까지 이어진다. 산 높고 계곡 깊은 전형적 산악지대다. 화천과 양구의 전방이 산악이라지만 인제의 전방 역시 험준하기는 마찬가지다. 게다가 철책이 북쪽으로 크게 휘어지면서 위도도 많이 높아진다. 이 지역의 철책은 단순히 동서가 아니라 남서쪽에서 북동쪽으로 이어진다. 따라서 양구나 화천보다 위도가 높고 그만큼 춥다. 실제로 향로봉은 남한 지역에서 가장 추운 곳으로 알려져 있고, 눈도 엄청나게 많이 온다.

서화리, 금강산 가는 지름길

"인제 가면 언제 오나, 원통해서 못 살겠네."

인제, 혹은 인제 북면의 원통 지역에 주둔한 전방 부대에 배치를 받은 병사들이 탄식하며 읊조리곤 하던 대사다. 그만큼 인제 지역에 배치된다는 것은 세상으로 나가는 길이 닫히는 대신 고생길이 열린다는 의미였다. 지금은 "인제야 와서 원통한 동네"가 되었다고 인제 사람들은 입을 모은다. 그러면서 거리 곳곳에 "병영 추억의 고장, 제2의 고향 인제 원통"을 써 붙였다. 예비역들에게는 틀린 말이 아니다. 현역으로 있는 동안에는 "다시는 이쪽으로 오줌도 안 싼다"며 벼르고 벼르지만, 막상 제대를 하고 나면 수시로 생각나는 곳이 예전 군대 생활 하던 곳이다.

금강산 지름길 서화리 마을 표지석

원통 북쪽의 서화리는 인제에서도 가장 위쪽에 있는 마을이다. 한때 민통선 안에 속해 있었다. 여기서 지금 군인들만 다니는 도로를 타고 북쪽으로 곧장 올라가면 바로 금강산이 나온다.

예전이나 지금이나 원통에 도착한 신병들은 453번 지방도로를 따라 북쪽에 있는 부대로 이동한다. 예전에는 비포장도로를 걸어서 갔다면, 지금은 포장도로 위를 달리는 트럭 짐칸에 실려 간다는 것 정도의 차이가 있을 뿐이다. 그렇게 북쪽으로 가다가 만나는 첫 번째 큰 동네가 천도리다. 예전에는 이곳에 검문소가 있었고 그 이북은 민통선 안쪽이었다. 천도리는 원통보다 북쪽에 있는 이 지역 일대의 최대 군사도시였다. 한 집 건너 하나씩 다방과 술집들이 모여 있던 시절 천도리 사람들은 휴가나 외박을 나온 병사들의 호주머니에서 돈을 갈퀴로 긁는다고 했다. 하지만 이것도 옛말이다. 지금은 교통이 너무나 좋아져서 휴가나 외출 나온 병사들이 이 산골에 더 이상 머물 이유가 없다. 가까우면 원통, 멀리는 속초로 나간다. 요즘 병사들은 다방과 술집을 전전하지도 않는다. 레스토랑이나 피자집에서 식사를 하고 아메리카노 커피를 마시며 가족이나 애인과 담소를 나누는 병사들이 대부분인 것이다. 천도리의 옛 영화(榮華)는 이제 돌이키기 어려워 보인다.

천도리를 지나면 본격적으로 부대들이 주둔하는 서화리가 나온다. 서화리는 예전에는 민통선 마을이었고 역시 외출이나 외박을 나온 군인들이 많이 찾던 동네다. 이 마을에서 곧장 북진하면 금강산이다. 그래서 마을 길가에 "금강산 지름길"이라고 새겨진 표지석이 서 있다.

서화 삼거리에서 좌측으로 이어지는 453번 지방도로를 계속 따라가면 양구군 해안면에 닿는다. 해안분지에 모인 물은 유일하게 동남쪽으로 열린 좁은 계곡을 타고 이곳 서화리를 거쳐 원통으로 흘러가는데, 인제의 북쪽에 있는 하천이라서 인북천이라고 부른다. 원통과 해안 사이의 이 지방도로 역시 이 길을 따라 나 있다. 물의 길과 사람의 길이 다투지 않고 나란히 좁은 계곡 사이를 구불구불 흘러간다.

서화 삼거리에서 좌측의 넓은 지방도로 대신 곧장 북쪽 방향으로 연결되는 좁은 길로 들어서면 이내 검문소가 나타난다. 여기서부터 민통선이 시작되는 것이다. 이 지역의 특징은 민통선 검문소에서 최전방의 철책까지 엄청 멀다는 것이다. 북쪽으로 한참을 직진한 후 방향을 바꾸어 동쪽으로 1시간 가까이 차를 타고 가야 12사단의 마지막 초소에 다다를 수 있다. 우리 일행은 사천리로 불리는 이곳까지 들어가보기로 하고 길을 나섰다.

검문소를 통과하자 곧바로 비탈진 산길이 나타난다. 포장은 되었지만 비탈길과 평탄한 길이 연이어 나타나고 불쑥불쑥 급한 커브도 여럿이다. 그렇게 한참을 올라가자 마침내 철책선이 보이기 시작한다. 철책은 고지와 산비탈의 경사면을 타고 이어지는데 그 너머로도 온통 산이어서 시야가 멀리 갈 곳이 없다. 오로지 머리 위로 하늘이 보일 뿐, 앞에도 산이고 뒤에도 산이다.

철책이 나타난 뒤에는 철책을 따라 다시 동북쪽으로 달린다. 다행히도 길은 경사도가 완만하다. 산 정상과 비탈을 따라 도로가 개설되었기 때문에 오르내림이 덜한 것이다. 이 높은 고지의 길을 이곳의 병사들은 을지 스카이웨이라고 부른다. 그렇게 한참을 달려가다 보니 비교적 큰 주둔지가 나타난다. 소라지라는 지명이 붙은 곳으로 어지간한 지도에서는 이런 지명을 찾아볼 수조차 없다. 행정구역상 인제가 아니라 고성군에 속한다. 여기서 DMZ 안으로 들어가 매복과 수색작전을 펴는 수색대 병사들을 만났다.

늦가을의 DMZ

을지전망대 앞의 DMZ에 가을이 한창이다. 사진 좌측의 산등성이를 따라 형성된 북한의 북방한계선이 보이고 사진 우측에 우리의 남방한계선 철책이 보인다. 그 사이가 DMZ다. 그 너머로 금강산 산자락이 저 멀리 아스라히 보인다.

전방 사단의 수색대 용사들

육군 전방 부대의 수색대는 크게 사단 직할의 수색대대와 연대 직할의 수색중대로 구분된다. 수색대대 병사들은 DMZ 안에서 매복, 정찰, 수색 등의 임무를 수행하는 것이 기본이다. 반면에 수색중대 병사들은 DMZ 안의 GP에 들어가 일정 기간 감시와 경계 임무를 수행한다. 하지만 이는 원론적인 얘기고 수시로 역할이 바뀌거나 사단마다 사정이 다르기도 하다.

공통점도 많은데 우선은 부대에서 무조건 차출하는 것이 아니라 신병교육대에서 지원을 받아 선발한다는 것이다. 수색대의 훈련과 생활이 힘든 건 알지만 대한민국을 지키는 최고의 전사이자 가장 남자다운 군대 생활은 곧 수색대원으로 생활하는 것이라고 믿는 젊은이들이 많기에 항상 지원자는 넘쳐난다.

"대략 6 대 1에서 10 대 1 정도입니다."

얼마나 경쟁이 치열하냐고 물으니 대원 한 명이 그렇게 대답한다. 그만큼 많은 젊은이들이 고생인 줄 알면서도 수색대에 자원한다는 것이다. 어떻게든 입영을 기피하려고 애쓰는 일부 젊은이들의 얘기는 여기서는 다른 나라 이야기다.

"가장 위험한 곳에서 가장 중요한 임무를 수행한다는 자부심, 그리고 대한민국의 1%만이 할 수 있는 임무를 맡아서 하고 있다는 자부심이 가장 좋은 것 같습니다."

수색대원이 되어 힘들고 어려운 임무를 수행하면서 느끼는 소감이 어떠냐고 묻자, 그렇게 대답한다. 식상할 수도 있는 질문에 대한 그들의 대답에서 그들만의 자부심이 느껴진다.

"유격이나 각개전투, 사격같이 육군의 모든 병사들이 하는 훈련은 기본이고, 헬기에서 줄을 타고 지상으로 낙하하는 레펠 훈련이나 특공무술, 천리행군, 참호격투 등의 훈련이 있습니다."

8박 9일 동안 행해지는 천리행군은 완전군장을 메고 주로 산악을 넘나들며 훈련이 이루어진다고 한다. 겨울철 천리행군은 특히 힘든데, 기온이 영하 20도 이하까지 떨어지기 때문이다.

"영하 23도까지 떨어지는 날도 있었는데, 체감기온은 영하 40도는 되는 것 같았습니다. 헬멧 위에 쌓인 눈이 녹아내리면서 금세 고드름으로 변할 정돕니다."

그런 날씨에 온종일 산악을 누비며 행군을 하고, 전투식량으로 끼니를 때우고, 야전에서 텐트를 치고 밤을 샌다고 한다. 장교들은 어떨까?

"물론 우리 장교들도 똑같이 행군을 합니다. 저희 12사단의 경우 군의관도 차를 타지 않고 병사들과 함께 행군을 합니다."

워낙 험한 산악지형이고 대원들이 모두 산속에 있기 때문에 군의관이 도로에만 있어서는 병사들의 상태를 살필 수 없기 때문이란다.

"평소에도 장교와 병사 모두 1시간 이상씩 체력단련을 합니다. 겨울에는 주로 알통구보와 건포마찰을 많이 합니다. 항상 체력을 유지하고 있지 않으면 임무를 수행할 수 없기 때문에 훈련과 실전이 따로 있을 수 없는 곳이 수색대입니다."

늠름한 얼굴에 여유 있는 눈빛으로 그렇게 대답하는 병사들은 이제 갓 스물을 넘긴 앳된 청년들이다.

"처음엔 엄청 긴장이 됐지만, 경험 많은 인솔자와 선임들이 있기 때문에 특별히 무섭지는 않았습니다."

얼마 전 처음으로 통문을 열고 DMZ 안에 들어가 매복과 수색 작전을 수행했다는 이등병의 대답이다.

© ROKA

수색대 용사들

전방 사단의 수색대 병사들은 DMZ 안에 들어가 매복과 정찰 등의 임무를 수행한다. 최선방 중에서도 최선봉에 서는 이들 수색대 용사들은 길 없는 길을 다니고 적들과 수시로 엇갈리며 임무를 수행한다.

이미 여러 차례 수색 임무를 수행했다는 고참 병사는 DMZ 안에서 위험한 일이 생기면 어떻게 대처하느냐고 묻자 이렇게 대답한다.

"엄청 긴장도 되고 매우 위험한 임무를 수행하고 있다는 걸 잘 알고 있기 때문에 긴장을 늦추지 않고 있습니다. 또 지뢰탐지기를 비롯한 장비들이 충분히 지원되고 있고, 선임들이 길을 충분히 파악하고 있기 때문에 대열에서 낙오하거나 이탈만 하지 않으면 큰 문제는 생기지 않습니다."

일반인들은 상상하기도 어려운 DMZ 내부의 풍경은 어떨까?

"남이 보지 못하는 땅을 보고 걸을 수 있다는 것도 수색대 병사만의 특권인 것 같습니다. DMZ 안에 들어가보면 정말로 자연이 잘 보존되어 있고 신기한 동식물도 많습니다. 저는 오소리나 잡초 정도밖에 알아보지 못하지만, 전문가들이 보면 놀랄 것입니다. 다른 곳에서는 볼 수 없는 동식물이 자주 눈에 띕니다만 그게 뭔지는 잘 모르겠습니다."

처음엔 잘 몰라서 수색대를 지원했겠지만 이제는 힘든 훈련과 임무에 지치지 않느냐고 병장 계급장을 단 병사에게 물었더니 이렇게 대답한다.

"아닙니다. 이제는 휴가를 가서도 부대 걱정을 하게 됩니다. 내가 없는데 DMZ는 누가 지키나 하고 말입니다."

병사의 너스레에 모여 있는 모두가 박수를 치며 웃었다. 이들은 DMZ가 얼마나 중요한지, 왜 청춘을 바쳐 이 땅을 지켜야 하는지 잘 알고 있다.

"우리 수색중대는 DMZ 안의 GP에 상주하면서 적의 동태 등을 관측하고 감시하는 것이 주임무입니다. 훈련은 수색대대 병사들이 받는 것과 유사한 훈련을 하고 있습니다."

GP에서 근무하다가 최근 복귀한 수색대 병사의 대답이다. 후방에 아군들이 있다지만 철책선 안에서 섬처럼 고립된 GP에서 근무하다 보면 따분하거나 신경이 지나치게 예민해지지 않는지 묻자, 그 병사는 이렇게 대답한다.

"GP도 사람 사는 곳입니다. 노래방, TV, 전화 등 기본적인 여건이 갖추어져 있습니다. 물론 부대원이 적고 고립되어 있다는 생각은 들지만 생활 자체에 특별한 불편은 없습니다."

정말로 불편한 게 없느냐고 다시 묻자, 한참을 생각하던 병사는 이렇게 대답한다.

"간부님들이 너무 많아서 그게 좀 피곤합니다."

솔직한 젊은이다. 옆에 자기가 소속된 소대의 소대장이 앉아 있는데도 그렇게 대답한다. 기왕 불편한 사항에 대한 말이 나온 김에 좀 더 솔직한 얘기를 들어보고 싶었다.

"겨울에 제설작업이 상당히 힘든 편입니다. 철책까지 연결된 도로의 눈을 소수의 수색대 병사들이 모두 치워야 하는데, 우리는 저마다 관측이나 감시 등 맡은 임무가 별도로 있습니다. 결국 교대로 근무를 서고 눈을 치워야 하기 때문에 눈이 많이 오면 잠도 자기 어렵고 정말 짜증이 납니다."

아마도 그래서 전방의 부대원들은 눈을 쓰레기라고 부르는지도 모르겠다. 여기서 온 세상을 덮는 하얀 눈은 결코 낭만적인 풍경이 아니다. 서화리에서 양구의 해안면으로 가는 길가에는 박정희 전 대통령이 5사단 사단장 시절 순직한 병사들을 위해 세운 추모비가 하나 서 있는데, 2미터 넘게 내린 폭설에 고립되어 결국 사망한 병사들을 위로하는 비석이다.

"저희 역시 GP에 고립되어 있지만 날마다 체력단련을 위해 3킬로미터 정도 뜀걸음을 하고 팔굽혀펴기나 윗몸일으키기 등 실내에서 할 수 있는 운동을 많이 합니다. 고립된 곳에 있을수록 운동을 많이 해야 지치지 않고 임무에 충실할 수 있습니다."

옆에서 병사의 말을 듣고 있던 소대장의 입가에 살며시 웃음이 번진다.

사천리 4천계단 이야기

수색대 병사들과의 유쾌한 만남을 마치고 다시 동북쪽으로 길을 나섰다. 앞서의 평탄한 길과 달리 고지와 계곡이 반복되면서 길이 험해지기 시작하더니 마침내 더 이상 길을 낼 수 없는 세상의 끝에 도달한다. 사천리로 불리는 지역이자 12사단이 맡은 철책의 동쪽 끝이다. 행정구역상 역시 인제가 아니라 고성에 속한다.

"이곳 중대본부에서 우리가 맡은 맨 우측의 초소까지 가려면 4,000개나 되는 계단을 지나야 합니다. 맨 좌측의 초소까지는 2,000개 넘는 계단을 올라야 합니다."

사천리 동쪽의 까마득하게 높은 봉우리가 고성군에 있는 천년고찰 건봉사의 뒷산인 건봉산 자락이다. 그 꼭대기의 초소까지가 12사단의 관할 구역이고, 거기까지 가려면 4,000개나 되는 계단을 올라야 한단다. 보기에도 아찔하지만 설명을 들으니 더욱 어지럽다. 4,000개라면 63빌딩을 세 번 올라가고도 조금 남는 숫자다. 중대본부 막사는 계곡의 가장 깊은 골짜기에 자리하고 있고, 병사들은 매일 저 계단을 두세 번씩 올라 다녀야 한다는 얘기다. 그게 가능한 일일까?

"아닙니다. 저 계단의 중간쯤에 우리 사단의 마지막 소초가 별도로 있습니다."

그러고 보니 계단 중턱에 자그마한 건물 하나가 보인다.

"저 소초엔 아예 전술도로가 없네요?"

"그렇습니다. 아마도 전군에서 차가 들어갈 수 없는 거의 유일한 소초일 겁니다."

"그럼 부식이며 물자 운반은 어떻게 합니까?"

"기본적으로는 사람이 직접 합니다. 모노레일도 설치되어 있는데 이게 바람이 조금만 불어도 운행이 어렵습니다."

우리는 고개를 끄덕였다. 세상에 군인의 몸만큼 강한 게 어디 있으랴. 아무리 다듬고 깎아내도 길을 낼 수 없는 벼랑에도 군인은 가고, 개들이 오르지 못하는 비탈에도 군인은 간다. 눈이 와도 가고 비바람이 몰아쳐도 간다. 가서 저마다 자리를 지키며 적들과 마주한다. 계곡이 꺾이고 봉우리가 가로막혀 보이지 않는 적들이다. 언제 물길을 타고 넘어올지 모르는 예측 불허의 적들이요, 언제 총구를 눈앞에 들이대고 방아쇠를 당길지 모르는 위험한 적들이다.

4천계단

최전방 철책을 잇는 길들은 오로지 사람만이 다닐 수 있다. 4,000개나 되는 계단이 늘어선 이 길에서 바퀴 달린 것들은 무용지물이다. 병사들은 개도 오르기 힘든 가파른 계단을 비가 와도 눈이 와도 매일 두세 번씩 오르내려야 한다.

"저기에도 연병장이나 족구장 같은 게 있나요?"

"네, 있습니다. 하지만 너무 좁아서 잘 이용하지 않습니다. 걸핏하면 공이 철조망을 넘어서 DMZ 안으로 들어가거나 계단 밑으로 굴러 떨어집니다."

저렇게 까마득하고 아스라한 절벽 위에서 밥을 먹고 잠을 자며 근무를 서는 병사들의 삶은 어떤 것일까? 자꾸만 직접 올라가보고 싶다는 욕심이 생긴다.

"권하고 싶지 않습니다. 처음 온 신병들도 저기 올라가다가 너무 힘들어서 토하곤 하는데 민간인들에겐 어려운 코스입니다. 나중에 기회가 되면 헬기로 가시죠."

듣다 보니 그 소초엔 전용 헬기장이 있단다. 아마도 철책에서 가장 가까운 헬기장이리라. 자동차가 다닐 수 없는 하늘 중간의 소초이니 어쩌면 헬기로 가는 것이 마땅한 일인지도 모르겠다. 그러나 헬기장은 분명 비상사태에 대비한 시설일 뿐, 비행금지구역인 이곳에 헬기가 나타나는 일은 별로 없을 것이다.

세어볼 수는 없었지만, 사천리 4천계단 이야기는 과장된 것이 분명하다. 계단의 숫자를 세는 이들만의 독특한 방법이 있는지도 모르겠다. 그러나 이것만은 분명하다. 주말마다 산에 다니며 나름 비탈이나 계단에 익숙하다고 자부하는 사람들조차 계단 밑에 서면 올라갈 엄두가 나지 않는 수천 개의 계단들이 거기 엄연히 존재하고 있다는 사실이다. 12사단 병사들은 그 계단을 매일 오르내리며 철책을 지키고, 때로는 일용할 양식을 짊어지고 그 계단을 올라야 한다. 눈이 오면 쓸어야 하고 태풍이 지나가면 보수해야 한다. 눈으로 올려다보는 것만으로도 더럭 겁이 나는 계단 밑에서 우리는 한동안 말을 잃었다. 군대에 가서 고생을 한다는 건 아마도 이런 계단 위에서 매일의 일상을 이어가야 하는 삶을 말하는 것인지도 모르겠다.

통문을 넘어 DMZ 안으로

산골의 겨울 저녁은 빨리 찾아온다. 중천에 떠 있던 해는 어느 사이 서산 너머로 사라지고, 이내 땅거미가 드리우기 시작한다. 하지만 동편 높은 봉우리 위에는 여전히 밝은 햇살이 비치고 있어서 지금이 도대체 한낮인지 저녁인지 분간하기가 어렵다.

우리는 사천리 중대 막사에서 이른 저녁을 얻어먹었다. 간이 잘 맞는 감자국과 불고기가 반찬이다. 금방 지은 밥은 찰지고 맛나다. 묵은 쌀을 쪄서 짓던 짬밥은 이제 여기서는 옛말이다. 전방의 작은 소초들에서는 집에서 쓰는 것과 똑같은 전기압력밥솥으로 밥을 한다. 최전방 부대의 경우 부식도 최고급에 넉넉하게 제공되는 편이어서 요즘 병사들은 굶주리던 시절의 군대를 이해하지 못한다. 그저 주린 배만 채우던 시절은 지나갔고, 이제는 밥이며 반찬의 수준과 질을 평가하는 시대가 되었다. 이른 저녁을 먹고 막사 밖으로 나오니 수색대대 병사들이 매복작전 투입 준비를 하고 있다.

"최저 기온이 영하 30도까지 떨어질 것이라는 예보가 있다. 방한 대책은 철저히 했겠지?"

"네, 했습니다."

이들이 통과할 통문을 책임지는 소초장이 병사들을 모아놓고 당부와 격려의 말을 하고 있던 참이다.

"오늘도 무사하고 안전하게 DMZ 완전작전을 수행해줄 것으로 믿는다. 우리는 여러분 뒤에서 어떤 사태에도 즉각 대응할 수 있는 준비를 해놓고 지원하겠다. 이상!"

이어 경례가 오가고 수색대 용사들은 나란히 줄을 지어 철책의 통문으로 향한다. 동쪽 산봉우리에 걸렸던 마지막 햇살이 사라지고 있다. 이날의 DMZ 매복과 수색을 담당한 용사들이 통문으로 향하는 길목의 양편에는 오늘의 작전에서 제외된 다른 수색대 용사들이 모두 몰려나와 이들의 가는 길을 응원한다.

"무사히 다녀오십시오."

DMZ로 향하는 수색대 용사들

사천천 물줄기를 따라 수색대 병사들이 DMZ 안으로 들어가고 있다.
이들은 다음날 아침까지 DMZ 안에서 매복, 수색, 정찰 임무를 수행할 것이다.

"아자아자, 완전작전!"

내일이나 모레, 혹은 글피쯤 똑같이 DMZ 안으로 들어갈 다른 병사들의 응원과 격려 속에 중무장한 수색대 용사들은 굳게 잠긴 철문을 열고 DMZ 안으로 어둠처럼 스며들었다. 이들이 문을 통과해 철책선 안으로 들어가자 철문은 쿵 소리를 내며 다시 굳게 잠긴다. 한반도의 허리를 가르며 거대한 띠처럼 형성된 섬 아닌 섬 DMZ, 북으로도 나아갈 수 없고 남으로도 물러설 수 없는 그 좁은 땅 안에서 수색대 용사들은 오늘도 수많은 지뢰들 사이를 오가며 밤을 하얗게 불태우고 있다.

DMZ에 뜨는 별

수색대 용사들이 사라진 철책 안에 서서히 어둠이 내려앉자, 이내 철책선 주변을 밝히는 투광등이 일제히 차가운 빛을 발하기 시작한다. 촘촘히 연결된 투광등은 철책과 마찬가지로 산을 타넘고 계곡을 건너 이어진다. 때로는 산에 막혀 끊어진 듯 보이지만, 실제로는 서부전선 끝에서 동부전선 끝까지 한 줄로 길게 이어져 끊어지는 법이 없다.

투광등 불빛을 제외한 전선의 밤은 암흑천지다. 해가 사라진 지 얼마 지나지 않았는데도 어둠은 도시의 그것에 비해 한결 두껍고 무겁다. 벌레들이 사라진 겨울의 전선은 더없이 고요해서 내가 쉬는 숨소리조차 낯설고, 투광등 불빛을 벗어나면 이내 내 손조차 알아볼 수 없는 어둠만이 천지를 메운다.

어디가 산이고 어디가 물인지 분간할 수 없는 어둠 속을 군용 지프의 헤드라이트에 의지해 더듬더듬 가다가 우리는 어느 고갯마루에서 차를 멈추었다. 이제부터는 투광등 불빛을 따라 저 험한 계단을 올라가야 한다. 철책을 따라 길게 이어진 투광등의 기나긴 행렬을 카메라에 담기 위해서였다. 초소를 지날 때마다 마주치는 초소 근무자의 눈빛이 어둠 속에도 반짝인다. 몇 개의 초소를 지나 높은 고갯마루에 오르자, 실제로 동부전선의 길고 장엄한 투광등 불빛이 한눈에 들어왔다. 산맥을 오르내리며 동서로 길게 이어진 불빛은 때때로 계곡 저편으로 사라졌다가 다시 그 너머의 산등성이로 이어졌다. 밤에 불빛으로 보니 인제 지역의 철책은 동서가 아니라 거의 남북 방향으로 이어지고 있다. 한도 끝도 없이 이어지던 불빛은 마침내 동북쪽 산등성이 어딘가로 사라져 더는 보이지 않는다. 그 너머에도 불빛은 있겠으나 더 이상은 사람의 눈이 감당할 수 없는 거리인 모양이다. 휴전선 철책을 밝히는 한밤의 투광등 행렬은 이곳이 아니고는 세상 어디에서도 볼 수 없는 장관이다. 민가가 없어 사방이 온통 칠흑 같은 어둠에 묻힌 가운데 오렌지색 투광등 불빛만이 한 줄로 길게 이어지고 있다. 만리장성에 60촉 백열등을 촘촘히 밝혀둔 듯한 광경이다.

최전선의 야경에 정신을 홀렸다가 공기가 너무 차고 맑아서 하늘을 올려다보았더니 거기 또 다른 별천지가 펼쳐져 있다. 도시는 물론이요 어지간한 시골에서도 보기가 쉽지 않은 은하수가 또렷하게 보이고, 적당히 어둡거나 눈부시게 밝은 별들이 검은색 하늘을 배경으로 보석처럼 점점이 박혀 있다.

"어, 어!"

말을 잃은 일행 하나가 때아닌 비명을 지른다. 별들은 그의 얼굴 위로 금방이라도 쏟아질 것만 같다. 금가루와 은가루를 뒤섞어서 뿌려놓은 것처럼 밤하늘을 수놓은 별들은 저마다의 빛깔로 반짝이며 전선의 낯선 방문객들에게 조용한 축포를 쏘고 있다.

하나의 달, 2개의 나라

DMZ 안에도, DMZ 북쪽에도, DMZ 남쪽에도 똑같은 달이 뜬다.
하지만 달을 보는 마음들은 서로 달라서 저마다의 꿈도 다르다.

어둠을 밝히는 투광등

최전방 철책에 어둠이 내리면 일제히 투광등이 켜진다.
산등성이를 따라 마치 불을 놓은 것 같은 장관이 펼쳐진다.

© Paik Chul

끊어질 듯 끊어지지 않는

투광등 불빛은 산등성이를 타고 끊어질 듯 끊어지지 않고 끝없이 이어진다.
어둠 속에 점점이 박힌 투광등 불빛이 보석처럼 아름답다.

2094

빛 속으로

어둠이 내린 최전방 철책에서는 움직이는 모든 것이 경계의 대상이다. 칠흑 같은 어둠 속에서 투광등 불빛은 야간 철책 경계근무를 서는 병사들의 눈이 되어준다.

향로봉 가는 길

백두대간의 중심으로 불리는 향로봉(1,296미터)은 인제와 고성의 경계를 이루는 산이자, 남한에서 가장 추운 곳으로 뉴스에도 자주 등장하는 곳이다. 최전방의 철책에서는 조금 뒤로 물러나 있지만 전방의 산들에 비해 해발고도가 높기 때문에 전략적으로 중요한 지역이다. 12사단 전방 부대의 마지막 방문지로 이곳을 정하고 길을 나섰다.

향로봉에 오르기 위해서는 먼저 진부령 정상까지 가야 한다. 거기서 고성으로 향하는 46번 국도를 버리고 좌측으로 난 산길로 접어들면 향로봉 가는 길이다. 민간인들이 통행할 수 없는 지역이라 입구에 검문소가 설치되어 있다. 이 검문소를 통과하면 이내 산길이 시작되는데 곳곳이 깎이고 파인 비포장도로다. 홍수 때마다 쓸려 내려가는 일부 구간에만 대강 시멘트가 발라져 있을 뿐이다. 지프나 군용 트럭, 4륜구동 차량이 아니면 다닐 수 없는 길이다. 이런 길이 산비탈을 빙빙 돌고 돌아 1,300미터에 육박하는 향로봉 정상까지 아슬아슬하게 이어진다. 산비탈을 깎아 억지로 만든 길인지라 길의 한쪽은 90도 경사의 벼랑이고 다른 쪽은 낭떠러지다. 그 사이로 난 좁은 길을 따라 지프는 탑승자들의 엉덩이를 사정없이 괴롭히며 산을 오른다.

"방금 통과한 검문소에서 향로봉 정상까지 18킬로미터 정도입니다. 차로는 40분 정도가 소요됩니다."

길 안내를 맡은 공보장교의 설명이다. 대략 시속 27킬로미터의 속도라는 얘기다. 하지만 어쩐 일인지 가도 가도 향로봉 정상은 나타나지 않는다. 시간을 정확히 재보지는 않았지만, 40분이 아니라 1시간 가까이 올라온 것 같은데도 여전히 산의 중턱이다. 머리를 숙여 산 아래쪽을 내려다보니 그래도 많이 올라오긴 올라온 모양이다. 산 아래 마을들이 까마득하게 내려다보인다.

"걸어서 가면 5시간 정도 걸립니다. 수색대 용사들의 행군 코스 가운데 하나고, 향로봉 정상에서 근무하는 병사들도 더러는 걸어서 다닙니다."

요즘 세상에 5시간이나 걸리는 산길을 걸어서 오가는 사람들이 있다는 얘기가 도무지 믿기지 않는다. 행군에 나선 군인들이나 등산가들 외에는 아무도 없을 것이다. 실제로 산악인 엄홍길 대장이 이 길을 걸어서 향로봉까지 갔었다고 한다. 이 길에는 또 총 647개의 전봇대가 있고, 전봇대마다 일련번호가 붙어 있어서 병사들이 그 숫자를 헤아리며 걷는다는 얘기도 들었다.

"여긴 눈도 많이 오는 지역인데, 이 길에 쌓인 눈은 누가 다 치웁니까?"

"물론 병사들이 치웁니다. 중대나 소대별로 구간을 정해서 눈이 올 때마다 치워야 합니다. 제설차량이 다닐 수 없는 길이기 때문에 오로지 인력에 의지할 수밖에 없습니다."

눈 이야기가 나오자 여기저기서 군대 시절 눈 치우던 경험담이 터져나온다. 치워도 치워도 끝없이 내리고 쌓이는 눈은 최전방에서 확실히 골칫거리가 아닐 수 없다. 눈이 쌓여 차량이 통행할 수 없게 된다는 것은 고립된 전방의 소초들에 보급이 끊긴다는 뜻이고, 보급이 끊긴다는 것은 곧 전투가 아닌데도 목숨을 잃을 수 있다는 얘기다. 예전에는 실제로 눈에 고립된 소초들에서 병사들이 집단으로 사망하는 일이 벌어지곤 했다. 향로봉에서도 실제로 그런 일이 있었다고 한다. 하늘에서 쓰레기가 쏟아진다는 말이 괜히 나온 게 아니다.

"제설작업과 제설작전의 차이가 뭔지 알아요?"

누군가 난데없이 그렇게 묻는다. 다들 그런 차이에 대해서는 별로 생각을 해보지 않은 듯 묵묵부답이다. 물었던 사람이 대답한다.

"눈이 얼마 내리지 않아 금방 치울 수 있을 경우에는 통상적으로 제설작업이라고 한답니다. 하지만 전방에서 눈은 한도 끝도 없이 오게 마련이고, 이걸 다 치우려면 밤을 새워야 할 때도 있죠. 그런데 군대에서는 병사들에게 무작정 작업을 시킬 수가 없습니다. 정해진 일과가 있고 통상적인 임무가 있으니까요. 그럴 경우 부대장이 작전 명령을 내립니다. 눈을 치우는 작전이 시작되는 것이고, 이게 바로 제설작전입니다."

© ROKA

불가능한 임무?

북쪽의 전방에서 눈은 가장 처치 곤란한 존재다. 치워도 치워도 다 치워지지 않는 눈을 병사들이 힘겹게 밀어내고 있다. 길이 뚫리지 않으면 이들의 생존도 위험해진다. 10월 말부터 내리기 시작한 눈은 4월까지 그치지 않고 내려 쌓이고, 더러는 5월 5일 어린이날에도 눈이 내린다.

© ROKA

다들 고개를 끄덕인다. 정확한 설명인지는 모르겠으나 그럴듯한 설명인 건 분명하다. 이어 누군가가 싸리나무를 베어다가 빗자루를 만들던 얘기며 넉가래로 눈을 치우던 얘기를 하고, 그 옆에 있던 사람이 다시 야전삽으로 길에 얼어붙은 얼음을 깨던 얘기들을 줄줄이 이어간다. 군대에 갔다 온 남자, 그것도 전방에서 군 생활을 했던 예비역치고 눈과 관련된 추억 한두 가지 없는 사람이 없다.

그렇게 전방의 겨울과 눈에 관한 이야기들을 나누는 사이 마침내 차는 향로봉 정상에 다다른다. 다행히 아직은 길에도 산에도 눈이 많이 쌓여 있지 않다. 대신 향로봉 정상에서는 바람이, 그것도 엄청난 바람이 우리를 기다리고 있었다. 돌풍이 아닌데도 바람은 쌔앵쌔앵 소리를 내며 동서남북을 가리지 않고 불어댄다. 가만히 서 있기도, 눈을 뜨고 있기도 어려울 정도다.

"바람이 엄청나네요."

우리 일행 가운데 하나가 그렇게 입을 열자, 마중을 나온 상사 한 분이 이렇게 대답한다.

"오늘은 바람이 센 편이 아닙니다. 여긴 사실 바람의 나라라고 해도 될 정도로 바람이 많이 붑니다. 한겨울 북서풍은 세기도 엄청나서 모래가 아니라 돌멩이가 사방으로 날아다닙니다. 그 바람과 날리는 돌멩이들을 뚫고 돌아다니며 생활을 해야 하니 여긴 사시사철 유격장이나 다름없습니다. 바람이 심할 때는 농구 골대가 넘어지고 컨테이너 박스도 제멋대로 날아다닙니다. 저 위에 있는 교회에 가보시면 추녀가 날아가고 사라진 걸 보실 수 있습니다."

우리가 향로봉을 찾은 날에는 다행히도 돌멩이가 날아다니지는 않았다. 농구 골대도 똑바로 서 있고 컨테이너 박스도 제자리를 지키고 있었다. 하지만 모래는 엄청나게 많이 날렸다. 바람의 방향도 일정치 않아서 모래는 옷 속이며 머리카락, 심지어 콧구멍과 입속으로도 들어왔다.

향로봉 정상에서 바라본 전방의 풍경은 너무나 을씨년스러웠다. 10월 말인데도 단풍의 흔적은 이미 찾아보기 어렵다. 아니 이파리의 흔적 자체를 찾아보기가 어렵다. 나무들은 본래부터 나목이었다는 듯이 시치미를 뗀 채 바람 속에서 조용히 흔들리며 피리소리만 낼 뿐이다. 그러면서 속삭이고 있었다. 버려야 살아남을 수 있다고. 욕심도 버리고 미련도 버리고 헛된 희망도 버려야 버틸 수 있다고. 아니면 모든 것이 바람에 날려간다고.

"지금 여러분이 서 계신 향로봉은 태백산맥의 중심이자 향로봉산맥의 가장 높은 봉우리입니다. 여기서 남쪽으로 1,024미터의 산머리곡산, 1,172미터의 칠절봉, 1,271미터의 매봉산이 줄줄이 이어집니다. 북쪽으로는 908미터의 건봉산, 712미터의 작은 까치봉, 742미터의 큰 까치봉이 이어지고, 그 위쪽에 금강산이 자리 잡고 있습니다. 인접한 설악산과 마찬가지로 산의 정상부에는 주목, 신갈나무, 갈참나무 등이 많으며, 신갈나무 군락이 형성된 곳에는 도토리를 주식으로 하는 멧돼지들이 여러 마리 서식하고 있습니다. 그 외에 노루, 오소리, 너구리, 족제비, 하늘다람쥐 등도 관찰됩니다."

윙윙거리는 바람 속에서 공보장교가 향로봉에 대한 설명을 이어간다. 그러나 그의 친절한 설명도 귀를 바짝 가져다 대지 않으면 전혀 알아들을 수가 없다. 여기서는 바람이 왕이고 대장이다.

"겨울에 눈은 얼마나 옵니까?"

누군가 향로봉에 주둔하고 있는 부대의 장교에게 그렇게 물었다.

"대략 2미터 정도 쌓입니다. 길에서 치운 눈과 바람에 날린 눈이 쌓이는 계곡에는 수십 미터씩 쌓이기도 합니다."

"언제부터 언제까지 눈이 오죠?"

"10월부터 눈이 내리기 시작해서 어린이날까지 옵니다."

대답이 명쾌하다. 대부분의 산야에 꽃이 피고 새싹이 돋아나는 3월과 4월에도 향로봉은 한겨울이라는 얘기다. 온난화 얘기는 여기서는 남의 나라 얘기처럼 들린다.

우리는 향로봉의 일출을 촬영하기 위해 나중에 한 차례 더 향로봉을 찾았고, 어렵게 일출 사진을 찍을 수 있었다. 이름 그대로 향불을 피워놓은 것처럼 늘 안개와 구름에 뒤덮인 산이 향로봉이다.

향로봉의 일출

가장 높은 곳에서는 가장 먼저 해를 볼 수 있다. 남한에서 가장 추운 지역으로 알려진 향로봉 정상에 겨울 아침의 첫 해가 떠오르고 있다.

향로봉 정상에서 본 북쪽

향로봉은 인근의 건봉산과 더불어 금강산의 1만 2,000봉우리 가운데 하나이며, 남한의 태백산맥 구간 중에서 가장 북쪽에 위치한 고봉이다. 남한 내에서 가장 추운 곳이고 눈도 많이 온다. 고도가 높아서 구름이 덮인 날이면 향로에 불을 피워놓은 모습처럼 보인다 하여 향로봉이라 불린다.

향로봉에서 본 설악산의 운무

운무 사이로 향로봉 남쪽에 있는 설악산이 보인다.
향로봉은 고도가 높아 하루에도 날씨가 몇 번씩 바뀌기로 유명하다.

향로봉산맥의 겨울

향로봉은 태백산맥의 등줄기에 위치한 봉우리이자 그 자체로 향로봉산맥을 이루는 산줄기의 주봉이다. 그 북쪽 사면이 휴전선이고, 이 긴 산줄기를 따라 철책이 이어져 있다. 철책 바로 옆에는 작전도로가 개설되어 끝없이 산등성이를 타고 오르내린다. 산맥 속의 산맥이고 산 중의 산이다.

Story 08

고성

해 뜨는 동해안의 최북단 마을

1,000미터 넘는 태백산맥의 험준한 고봉에서 해발고도 제로(0)의 동해안까지, 고성에서는 모든 것이 가파르다. 어느 날 갑자기 명태의 고장에서 명태가 사라지더니, 어느 날 갑자기 금강산 가는 길이 열렸다가 또 갑자기 닫혔다. 새로 놓은 철길은 나날이 녹슬어가고, 굳게 닫힌 철문은 다시 열릴 기약이 없다. 산바람과 바닷바람이 교차하는 고성의 바닷가, 파도만이 찾는 이 없는 철책선 안의 고운 모래사장을 하릴없이 적시고 있다. 그래도 내일이 오면 또 하나의 붉은 태양이 고성의 먼 바다에서 떠올라 남북의 산천에 가리지 않고 빛을 뿌릴 것이다.

인제를 지나 고성에 다다른 철책은 동서 방향이 아니라 거의 남북 방향으로 이어진다. 사천리 앞을 흐르던 작은 개울은 건봉산 건너의 고진동 계곡 물과 합쳐져 남강을 이루는데, 이 남강 역시 철조망과 마찬가지로 금강산을 향해 곧장 북진한다. 그리고 이것이 고성 쪽 DMZ 안의 군사분계선이 된다. 남강은 금강산 앞에 이르러 동해로 흘러간다. 남에서 DMZ를 지나 북으로 가는 대표적인 하천이 바로 이 남강이다. 남강의 물길을 좇아 우리도 남에서 북으로 내달리다가 마침내 휴전선 끝의 동해바다에 도착했다.

고성 제1경 건봉사

22사단이 주로 관할하는 고성 쪽의 휴전선은 고진동 계곡 위의 건봉산 자락에서 시작된다. 건봉산 역시 향로봉과 마찬가지로 금강산 1만 2,000봉 가운데 하나다. 그래서 천년고찰 건봉사의 이름도 '금강산 건봉사'다.

건봉사는 서기 520년에 창건된 사찰이다. 1,500년이 넘었다는 얘기다. 6·25전쟁 이전까지는 우리나라 31본사 가운데 하나에 포함될 정도로 거찰(巨刹)이었다. 전각(殿閣)이 600채에 달했다고 하며, 신흥사, 백담사, 낙산사가 모두 이 절의 말사(末寺)였다. 임진왜란 때 사명대사가 여기서 양성한 승병의 수가 6,000명이었다고 하니 그 규모를 미루어 짐작할 수 있다. 임진왜란 당시 일본군이 통도사에서 빼앗아갔던 부처님의 치아진신사리 12과를 사명대사가 되찾아와 이 절에 보관했다.

그러나 건봉사는 6·25전쟁과 더불어 폐허가 되었다. 이 지역에서도 전쟁 초기부터 휴전 때까지 엄청난 전투가 이어졌기 때문이다. 전쟁 후 남은 전각으로는 절 입구의 불이문(不二門)밖에 없었다. 전쟁 이후 일부 전각들이 다시 지어졌고, 지금은 설악산 신흥사의 말사가 되었다. 민통선 안에 있는 사찰이어서 찾기가 쉽지 않았으나 이제는 민통선에서 해제되어 고성 관광의 필수 코스로 자리 잡았다.

건봉사 불이문

건봉사는 1,500년의 역사를 지닌 거찰이었다. 그러나 6·25전쟁 당시 이 문만 남고 모든 전각이 불탔다. 그 이후 60년 동안 민통선에 묶여 있다가 최근 해제되었다.

고진동 계곡

이 건봉사의 뒷산이 건봉산이고, 그 서북쪽 사면에 자리한 가장 깊은 계곡이 고진동 계곡이다. 따라서 고진동 계곡으로 가기 위해서는 일단 건봉사 앞에서 출발하여 건봉산을 넘은 다음 다시 서북쪽 계곡을 타고 내려가야 한다. 900미터 넘는 산을 넘어가는 길인 만큼 당연히 길은 가파르고 험하다. 바퀴가 구르는 것이 아니라 차량 자체가 앞으로 굴러가지 않을까 싶을 정도로 경사가 가파르고, 곳곳이 파이고 깎여서 운전병들이 본의 아니게 곡예운전을 해야 갈 수 있는 길이다. 대신 고진동 계곡의 경치만은 환상적이다. 단풍나무들이 군락을 이루고 있고, 크고 작은 물길들이 아래로 내려가면서 모이고 합쳐져 폭포와 소(沼)를 이룬다. 그 물길 근처로 기암괴석이 어우러지고, 60년 넘게 찾는 이 없이 보호된 덕분에 온갖 동식물들이 서식하고 있다. 길에서 멧돼지나 고라니와 마주치는 것도 드문 일이 아니다.

1시간 가까이 지프에 앉아 눈으로는 호사를 누리고 온몸으로는 고통을 감내하며 고진동 계곡에 다다르니 2개의 소초가 나란히 자리 잡은 널찍한 마당이 보인다. 22사단이 관할하는 철책의 가장 서쪽을 담당하는 소초들이다. 소초 앞으로 고진동 계곡의 물이 지나가는데 이내 철조망 밑을 통과하여 DMZ 안으로 사라진다.

거기서 남강과 합류하여 DMZ 안을 흐르다가 이윽고 북한 지역의 동해로 들어가는 물줄기다. 1997년 봄부터 강원도민일보와 연어사랑시민모임이 이곳에서 어린 연어를 방류하고 있다. 남에서 북으로 흐르는 물줄기에 우리의 통일에 대한 의지와 남북 화해에 대한 소망을 담아 어린 연어를 화해의 바다로 풀어주고 있는 것이다.

고진동 계곡의 물길이 향하는 북쪽으로 시선을 돌리니 물길은 이내 앞산의 뒤편으로 사라지고 사방이 산으로 가로막힌다. 어디로 눈길을 돌려도 봉우리로 치닫는 높은 경사면만 보일 뿐 평지가 없다. 왼쪽의 산마루를 넘어온 철책은 고진동 계곡으로 가파르게 내려온 다음 이내 오른쪽의 역시 가파른 비탈을 타고 산꼭대기로 이어진다. 말하자면 정확한 V자 형국이다. 이곳에 주둔한 2개의 소초는 각각 왼쪽과 오른쪽의 철책을 나누어 맡아서 경계 임무를 수행한다.

철책으로 다가가 보니 전에 없던 이정표가 2개나 서 있다. 왼쪽의 산마루로 올라가는 길에는 '천국의 계단'이라는 푯말이, 오른쪽 산마루로 올라가는 길에는 '고진감래길'이라는 푯말이 세워져 있다. 1,400개가 넘는 계단으로만 이루어진 길, 1시간 이상 걸어야 올라갈 수 있는 길에 '천국의 계단'이라는 이름을 붙인 상상력이 놀랍다. 아마도 올라갈 때가 아니라 근무를 마치고 내려올 때의 기분을 미리 느껴보라고 이런 이정표를 세워둔 것 같다. 아니면 천국에 오르는 것만큼 높이 올라가야 하는 계단이라는 의미에서 이런 이름을 붙인 것인지도 모른다.

고진동 계곡의 늦가을

건봉사가 위치한 뒷산이 건봉산이고, 이 산의 북쪽 골짜기 가운데 하나가 고진동 계곡이다. 이 계곡의 가장 아래쪽에 남방한계선 철책이 있다. 단풍이 화려하기로 유명한 골짜기지만 지금은 철책을 지키는 병사들만 들어갈 수 있다.

천국의 계단에서

우리는 왼쪽에 있는 천국의 계단을 걸어 꼭대기 초소에 올라가보기로 하고 호기롭게 길을 나섰다. 하지만 10분이 지나지 않아 숨이 찼고, 20분이 지나지 않아 한겨울인데도 땀이 났으며, 30분이 지나지 않아 주저앉고 말았다. 한참을 쉬고 네 발로 기다시피 하여 정말로 1시간 만에 겨우겨우 우리가 처음 꼭대기라고 믿은 초소까지 올라갔다. 걸음을 멈추자 허벅지가 떨리고 종아리에 경련이 일어난다. 총을 든 것도 아니고 빈손으로 올라왔는데도 그렇다. 게다가 더욱 기가 막힌 건 여기가 끝이 아니라는 것이다. 밑에서는 보이지 않던, 더 높은 봉우리가 따로 있다. 더 위쪽에 보이는 초소가 22사단의 첫 번째 초소라고 경계를 서고 있던 병사가 일러준다. 하지만 우리는 더 올라갈 엄두를 낼 수 없었다. 1주일치 운동을 한꺼번에 한 것이나 다름없었으니까.

"저 밑에 있는 소초에서 여기까지 올라오는 데 평소 얼마나 걸리나요?"

초소에서 근무를 서고 있는 병사에게 물었다.

"잘 모르겠습니다. 저희가 생활하는 소초는 저 아래가 아니라 좌측으로 보이는 산의 정상부 너머에 있습니다."

이건 또 무슨 소릴까? 사정을 듣고 보니 이들은 22사단 병사들이 아니라 인제 쪽의 12사단에 소속된 병사들이란다.

"그럼 사천리 중대에 소속된 소초? 그 4천계단 중턱에 있는 그 소초의 병사들인가요?"

"네, 그렇습니다."

그런데 왜 이들은 22사단 관할 구역의 초소에서 근무를 서고 있는 것일까?

"사단과 사단이 만나는 지점의 철책은 이렇게 서로 교차 근무를 섭니다. 저 꼭대기에 있는 초소가 12사단의 마지막 초소인데 거기에는 22사단의 병사들이 근무를 서고 있습니다. 반대로 지금 이곳은 22사단의 첫 번째 초소인데 지금 보시는 것처럼 12사단 병사들이 근무를 서고 있습니다."

함께 올라온 공보장교의 설명이다. 듣고 보니 상황이 이해가 가기는 한다. 한 뼘의 철책이라도 경계에서 빠뜨리지 않기 위한 독특한 근무 방식인 셈이다.

천국의 계단

고진동 계곡의 밑에서 시작되는 천국의 계단은 1,000미터에 육박하는 산등성이까지 거의 직각으로 보일 정도로 가파르다. 마치 한 마리 기다란 뱀이 높은 산을 타고 오르는 모양새다. 병사들은 마치 천국에 오르는 것 같은 이 높고 가파른 계단에서 가끔 산양과 멧돼지를 만나곤 한다.

고진감래길

병사들은 이런 계단을 하루에 두세 번씩 오르내려야 한다. 얼마나 힘이 들면 길 이름을 "고생 끝에 낙이 온다"는 뜻의 고진감래길로 지었을까? 힘들고 어려운 상황을 좋게 승화시켜보려는 병사들의 의지가 담긴 이름이다. 오늘도 병사들은 고생 끝에 찾아올 기쁨과 즐거움, 그리고 안식을 기대하며 이 길을 오르내린다.

건봉산의 늦가을

가을에서 겨울로 넘어가는 11월의 건봉산 꼭대기, 바람이 불자 억새가 수선스럽다. 멀리 산 아래 고성 읍내가 보이고 그 너머로 하늘과 맞닿은 동해가 보인다.

© Paik Chul

대한민국 최고의 DMZ 작전 전문가

다시 북쪽으로 길을 나섰다. 길은 여전히 남강과 철책을 끼고 아슬아슬한 비탈길을 달린다. 그렇게 한참을 달려간 어느 중대본부 막사에서 행정보급관으로 일하는 진혁 상사를 만났다. 2012년 4월 거의 모든 일간지에 'DMZ 작전 1,000회 달성'의 주인공으로 소개된 바로 그 인물이다. 그와 나눈 이야기들을 인터뷰 형식으로 정리했다.

- 처음 DMZ에 들어간 것은 언제인가?
"1988년 7월이다. 입대한 지 3개월 지났을 때고 이등병이었다."

- 수색대에 자원한 것인가?
"그렇다. 이왕 하는 군 생활이라면 멋지게 하고 싶었다."

- 처음 통문에 들어갈 때 어떤 생각이 들었나?
"무사히 부대로 다시 복귀할 수 있을까 하는 생각이 들었다."

- 그렇게 긴장되고 두려운 DMZ 작전을 계속한 이유는?
"수색대 병사로 근무하던 시절에 중대장님으로부터 서부덕 상사의 이야기를 들었다. 6·25전쟁 때 적에게 빼앗긴 송악산을 탈환하기 위해 박격포탄을 품에 안고 적의 기관총 진지로 뛰어들어 산화한 인물이다. 그 얘기를 듣고 나도 그런 참군인이 되어야겠다는 생각이 들어 부사관에 지원했다."

진혁 상사

수색대 용사로 DMZ를 누비던 그는 지금 최전방 철책을 지키는 GOP 부대에서 근무한다. 보직을 바꾸고 근무지도 바뀌었지만 철책과 그의 인연은 여전히 끝나지 않았다.

- 이후로도 계속 DMZ에 들어간 이유는?
"DMZ 작전이야말로 휴전 중인 우리 군대의 가장 중요한 임무라고 생각했다. 또 직업군인이 된 이상 가장 군인다운 역할을 수행하고 싶었다."

- 구체적으로 어느 지역의 DMZ를 맡아 작전을 수행했나?
"2012년까지 철원의 15사단에서 근무했다. 구체적인 지역을 밝히는 건 보안상 문제가 있다."

- 나이가 들면서 체력 등에 한계를 느끼지는 않았나?
"다 아는 얘기지만 수색대 용사들은 평소 체력단련을 열심히 한다. 나 역시 마찬가지다. 하루도 거르지 않고 체력을 단련하여 특급 체력을 인정받았고 사격도 열심히 하여 특등사수가 되었다."

- 작전 중 적과 마주치거나 교전을 한 적도 있나?
"1,000번 넘게 DMZ에 들어갔지만 다행히 교전을 벌일 일은 없었다. 다만 적과 조우한 적은 몇 번 있다. 북한군도 우리처럼 어둠 속에서 은밀하게 DMZ 안을 돌아다닌다. 그런 적의 동태를 눈과 귀로 파악하는 순간 온몸에 말할 수 없는 긴장감이 몰려온다. 총을 든 손에 그렇게 강한 힘이 들어간 적이 없다. DMZ 안에서는 적도 우리도 서로 직접 마주치는 걸 꺼리기 때문에 직접적인 충돌이 발생하는 일은 거의 없다."

- 1,000번 넘게 DMZ에 들어가서 어떤 걸 보았나?
"우선 오소리나 삵, 너구리 같은 동물들이 정말 많다. 낯선 모양의 풀과 꽃도 많다. 녹슨 철모나 유골을 발견할 때도 있었다."

- 특이한 물건이나 유골 등이 보이면 가지고 나오나?

"아니다. DMZ 안에 있는 것은 임의로 가지고 나올 수 없다. 나중에 상부에 발견한 것들의 상태와 위치를 보고하기만 한다."

- 군사분계선 팻말을 본 적도 있나?

"있다. 하지만 우리가 본 팻말은 완전한 형태가 아니고 기둥만 겨우 남은 것이었다."

- 지뢰나 불발탄 등 위험한 것들도 많을 텐데?

"물론이다. DMZ는 한 마디로 지뢰지대다. 따라서 수색대 용사들은 정해진 길로만 다니고 정해진 곳에서만 매복을 한다."

- 홍수 등으로 길이 유실되거나 지뢰가 길로 떠내려올 수도 있을 텐데?

"그래서 DMZ 안에 들어갈 때는 항상 지뢰탐지기를 휴대한다. 어제 지나간 길에도 오늘 무엇이 새로 생길지 알 수 없다."

- 그 길이라는 게 잘 닦인 도로가 아닐 텐데?

"물론이다. 그래서 바위와 나무는 물론 풀 한 포기까지 세세하게 기억해두려고 늘 애를 썼다."

- 부대를 옮긴 후에 맡은 일은?

"중대의 행정보급관이다. 예전에 군 생활을 하신 분들이라면 인사계라는 직함을 기억할 것이다. 그와 비슷한 역할을 수행한다."

진혁 상사와 수색대 용사들

겨울의 눈밭에서 진혁 상사와 그의 수색대 병사들이 훈련을 받고 있다.
진혁 상사는 DMZ 안에만 1,000번 넘게 투입된 관록의 소유자다.

© ROKA

- 더 이상 DMZ 작전에 참여할 것이 아니라면 후방에서 근무하는 게 더 좋지 않나? 가족과 함께 있을 수 있고 주말도 즐길 수 있을 텐데?
"물론 그런 장점이 있다. 이곳 GOP로 올라오기 전에는 실제로 집에서 부대로 출퇴근을 하기도 했다. 하지만 나는 최전방이 체질에 맞는 것 같다. 그래서 다시 GOP 중대를 따라 이곳 철책까지 올라왔다."

- 여기 들어와 있으면 한동안 가족과 만나지도 못할 텐데?
"여기서도 휴가가 있다. 또 GP가 아니라 GOP에서 근무하는 장교나 부사관들에게는 휴대전화가 허용되기 때문에 자주 통화를 할 수도 있다."

- 수색대가 아니라 GOP 부대에 와보니 뭐가 다른가?
"사실 예전에는 GOP 근무가 GP 근무나 DMZ 작전보다 쉬울 줄 알았다. 그런데 와서 직접 보니 전혀 그렇지 않다. 철책을 지키는 병사들의 고생도 결코 작은 것이 아니다."

- 뭐가 특히 힘들어 보이나?
"처음 GOP에 올라오면 대부분의 병사들이 뒤바뀌는 취침 시간 때문에 힘들어 하는 것 같다. 대략 한 달 정도는 지나야 적응을 한다. 추위가 그 다음 어려운 점이다."

- 철원도 춥기로 유명한 동네다. 오죽하면 철베리아라는 말이 생겼겠나? 그런 철원에서 경험한 추위와 이곳 고성의 추위를 비교한다면?
"여기도 춥다. 추운데 바람까지 많이 분다. 단순 비교하기는 어렵지만 고성에 칼바람이 더 많이 부는 건 분명하다."

- 지금도 통문을 통과해 DMZ로 들어가는 후배들을 볼 텐데 어떤 생각이 드나?
"예전에 악천후와 긴장감을 극복하며 DMZ에서 매복과 수색을 함께 했던 전우들 생각이 많이 난다. 얼마나 힘든 일인지 알기 때문에 안타까운 마음도 든다."

- 후배들을 직접 격려하기도 하나?

"물론이다. 대한민국 1%라는 자부심을 가지고 씩씩하게 완전작전을 하고 돌아오라고 말하곤 한다."

- 병사들의 반응은?

"여기 있는 수색대 병사들은 내가 DMZ에 1,000번 넘게 들어갔던 사람이라는 걸 모른다. 투입을 준비할 때 가서 군장이며 무기 등을 잘 챙겼는지 살펴보고 조언을 해주곤 하는데, 다들 이상한 눈으로 쳐다본다. 행정보급관이 왜 수색대 군장 검사에 나타나 시시콜콜 얘기를 하는 것인지, 수색대의 무기며 행동 요령 등은 어떻게 그렇게 잘 아는 것인지 이해할 수 없다는 반응이다."

- 후배들에게 가장 많이 해주는 말은?

"자부심과 긍지를 가지라는 것이다. 자부심과 긍지가 있어야 임무가 힘들지 않고 훈련이 즐거울 수 있다."

- 수색대에 지원하려는 후배들에게 해주고 싶은 말이 있다면?

"군대에 간다는 건 남자로서 가장 떳떳하게 대한민국 국민의 자격을 취득하는 과정이라고 생각한다. 더 많이 고생하고 더 많이 봉사해야 나중에 이 나라에서 더 떳떳하게 살아갈 수 있다. 이런 일에는 수색대가 제격이다. 체력과 정신력도 자동으로 길러지기 때문에 평생 남는 장사가 된다."

GOP 부대의 행정보급관이 되었다지만 진혁 상사에게서는 예전 수색대 용사로서의 자부심과 긍지가 여전히 철철 넘치고 있었다. 지금도 명령만 떨어진다면 언제든 통문을 열고 DMZ 안으로 달려갈 듯한 기세다. 세상에는 드물지만 자기희생적인 사람들이 있다. 이런 자기희생적인 사람들 덕분에 평범한 우리가 오늘도 안전한 삶을 누리고 있는 것은 아닐까.

한겨울 GOP에서 발견한 산양

누구도 접근하기 어려운 기암절벽의 꼭대기에서만 서식하는 고고한 야생동물이 산양이다. 고가초소의 감시병처럼 높은 곳에 올라앉아 늘 주변을 내려다보며 생활한다. 1960년대 이후 강원도에서도 찾아보기 어려운 멸종위기의 천연기념물(217호)이 되었는데, 최근 중동부 전선의 산악지대에 출몰하면서 DMZ 일원의 다시 태어난 자연환경을 실증적으로 보여주는 지표가 되고 있다. 사진에서처럼 산양이 사람들의 눈에 띄는 것은 주로 눈이 쌓여 먹이가 부족해지는 겨울철이다. 우리나라의 산양은 다른 지역의 산양과는 속(屬)부터 다른 고유종이고, 염소와 같은 부드러운 소리를 내지만 소(牛)과의 동물이다. 사진은 22사단 소속 진혁 상사가 고성에서 근무 중 발견하여 촬영한 산양의 모습이다.

최북단 마을 명파리

동해안을 따라 길게 이어지는 7번 국도를 타고 간성을 출발하여 북쪽으로 가다 보면 거진과 화진포, 대진과 마차진을 지나고 이내 명파리에 다다른다. 명파리는 고성에서도 최북단 해변 마을이어서 이곳에 있는 모든 것에 최북단이라는 수식어가 붙는다. 명파초등학교는 최북단 초등학교요, 명파해변은 최북단 해변이다. 최북단 식당, 최북단 가게, 최북단 민가가 모두 이 마을에 있다.

명파리는 몇 년 전까지 민통선 마을이었다. 지금도 이들이 일구는 농토의 80%는 민통선 안에 있다. 농사철이면 새벽부터 트럭들이 줄을 지어 민통선 안으로 들어간다. 이 마을에 정착한 사람들은 실향민들이 대부분이다. 잠시 머물다가 전쟁이 끝나면 고향으로 돌아갈 계획을 세웠던 사람들이다. 하지만 이들은 60년이 넘도록 고향에 가지 못한 채 이곳에 발이 묶였다. 가난과 싸우며 어렵게 살아가던 이들에게 서광이 비치기 시작한 건 2003년 금강산 육로 관광이 시작되면서부터다. 동해선 남북출입사무소가 문을 열었고, 관광버스들이 꼬리에 꼬리를 물고 명파리를 지나 금강산으로 향했다. 마을에는 식당들이 들어서고 오징어 등 특산물을 파는 가게들이 연이어 생겨났다. 일반 관광객들도 늘어나 하루 1,000여 명이 이 마을을 찾았다. 길가에서 오징어만 팔아도 제법 벌이가 쏠쏠했다.

하지만 2008년 7월 우리나라 관광객이 금강산에서 피격되는 사건이 발생하면서 명파리의 짧은 행운도 막을 내렸다. 이후 금강산 관광이 무기한 중단되고 통일전망대를 찾는 관광객마저 줄어들면서 명파리는 그야말로 몰락의 길로 내몰렸다. 관광객들이 찾지 않던 예전의 썰렁한 마을로 다시 돌아간 것이다. 길가에 번듯한 가게를 차렸던 사람들은 졸지에 빚더미에 올라앉기도 했다. 문을 닫은 가게들이 지금도 흉가처럼 길가에 방치되어 있다.

명파리 사람들이 당장 바라는 것은 통일이 아니다. 금강산 가는 길이 다시 열리고 남북이 화해의 손만 맞잡아도 명파리는 다시 살아날 수 있다. 그러나 변덕스러운 북한의 위정자들이 언제 어떤 도발을 감행할지 알 수 없는 것처럼, 아직은 명파리의 내일을 낙관하기가 어렵다.

전망대와 작은 독수리 계곡

명파리를 지나고 민통선을 통과하면 이내 동해선 남북출입사무소가 나타난다. 예전 육로로 금강산에 가던 관광객들의 출입 절차를 진행하던 곳이다. 번듯하게 지어진 화강암 건물이 지금은 고요한 침묵 속에 잠겨 있다. 이어 길 좌측으로 강원도 DMZ 박물관이 보인다. DMZ박물관을 지나 조금 더 북쪽으로 가면 통일전망대다. 남북을 잇는 도로와 철길의 모습이 훤히 내려다보이고, 앞쪽으로 금강산 구선봉과 해금강의 황홀한 경치를 볼 수 있는 곳이다. 산과 바다와 호수가 어우러져 빚어내는 구선봉과 해금강 일대의 풍경은 처음 보는 사람들의 탄성을 자아내기에 충분할 정도로 매혹적이다.

통일전망대의 우측은 동해바다고, 좌측으로는 산들이 이어지는데 서쪽으로 갈수록 점점 더 백두대간의 본령에 가까워지면서 높아진다. 이처럼 서쪽으로 점점 높아지는 봉우리들 가운데 한곳에 전망대가 있다. 22사단이 운영하는 관측소다. 지금의 통일전망대가 생기기 전에는 금강산 전망대로 불리던 곳이기도 하다.

이 전망대에 올라서면 통일전망대에서 보는 것보다 훨씬 더 가깝게 금강산과 해금강 일대가 건너다보인다. 그중에서도 단연 눈길을 압도하는 것은 아홉 신선이 바둑을 두며 놀았다는 구선봉이다. 남쪽에서 보면 낙타의 등처럼 보이기 때문에 낙타봉이라고도 한다. 180미터 조금 넘는 화강암 돌산인데, 주변에 초록의 산들과 푸른 동해가 있어서 유난히 하얗게 도드라져 보인다. 망원경으로 보면 낙타봉에 있는 북한군의 벙커와 포까지 또렷이 보인다. 구선봉은 금강산 1만 2,000봉 가운데 가장 오른쪽의 마지막 봉우리이기도 하다.

금강산 가던 길

한때는 이 길로 수십 대의 금강산관광버스들이 드나들었으나 지금은 적막에 잠겨 있다. 소위 노크 귀순을 한 북한 병사도 이 길로 걸어서 남으로 내려왔다.

해금강 일대

사진 중앙에 낙타의 등처럼 생긴 돌산이 구선봉이고 그 앞의 호수가 감호다. 구선봉 좌측으로 금강산 가는 육로와 철로가 보이고, 사진 우측 바다 위의 섬들이 해금강이다. 바다의 금강산이라는 의미다.

구선봉 아래 물빛도 맑은 호수가 하나 있는데 감호다. 초등학교 시절 교과서에서 읽던 전래동화 선녀와 나무꾼 이야기가 이 감호를 배경으로 한 것이다. 수심이 깊지 않아 여름이면 조개를 캐러 나오는 북한군의 모습을 볼 수 있다고 하며, 남북이 상호 대남방송과 대북방송을 멈추기 이전에는 여기에 '세금 없는 나라'라는 글씨가 크게 나붙었다고 한다. 호수의 직경은 8킬로미터 정도다. 호수 좌측으로 난 동해선 도로와 철도의 모습도 선명하게 보인다. 이 철도를 통해서는 2007년에 한 차례 시험 운행이 있었을 뿐 지금은 사용되지 않는다.

구선봉 오른쪽에 바다 쪽으로 길게 이어진 솔숲은 말무리반도다. 그 뒤쪽으로 점점이 박힌 동해의 섬들이 보이는데 이를 해금강이라 한다. 바다의 금강산이라는 의미다.

눈길을 왼쪽으로 크게 돌리면 금강산이 보인다. 하지만 1년에 100일밖에 그 모습을 보여주지 않는다는 산이 금강산이다. 그만큼 구름과 안개가 많아 세세한 모습을 보기는 쉽지 않다. 금강산 우측으로 월비산이 있는데, 적의 소초들이 들어선 산이다. 이어서 나타나는 봉우리가 국지봉으로 적의 레이더 기지가 설치되어 있으며, 그 뒤로 삼일포가 있다. 통일전망대에서도 거의 유사한 풍경들을 볼 수 있다.

이 전망대에서는 금강산이 좌측으로 멀리 보인다. 금강산을 좀 더 가까이서 볼 수는 없을까? 마침 안내를 맡은 공보장교가 손짓을 한다. 우리는 다시 지프에 실려 서쪽으로 조금 더 산을 올랐다. 그러자 철책이 동서가 아니라 남북 방향으로 꺾이는 지점이 나타난다. 여기서 더 나아가면 금강산이 점점 멀어지는 셈이다. 그 꺾이는 지점에 22사단의 초소가 하나 있다. 전술도로에서도 잘 보이지 않는 감추어진 초소다.

철조망을 따라 좁은 산길을 걸어가자 마침내 초소가 나타난다. 이 초소에서는 정말로 금강산이 거의 정면으로 바라다보인다. 초소에서 아래로 달려 내려가는 계곡의 이름은 '작은 독수리 계곡'이란다. 초겨울의 마지막 단풍이 계곡을 물들이고 있고, 저 멀리 금강산이 손에 잡힐 듯하다. 하지만 여전히 날씨가 좋지 않아 그 숨 막히는 광경을 카메라에 제대로 담기는 어려웠다. 나중을 기약하며 하는 수 없이 어렵게 올라간 초소에서 발길을 돌렸다.

© Choi Tae Sung

금강산

남한 땅에서 금강산이 가장 잘 보이는 곳이 고성의 작은 독수리 계곡이다. 하지만 날씨가 맑은 날이 드문 곳이어서 금강산의 모습을 세세히 보기는 쉽지 않다.

강원도 DMZ박물관

이어서 찾은 곳은 강원도 DMZ박물관이다. 고성의 민통선 안에 최근 생겨난 새로운 볼거리다. 규모도 규모지만 전시품들이 참으로 볼 만하다. DMZ의 탄생 배경과 역사, 6·25전쟁 당시의 주요 전투 현황, 전쟁 이후 이어진 남북 대결의 변화 과정, 미래를 위한 통일의 전략까지 분단 및 DMZ와 관련된 모든 것을 전시하고 있다. 무기들이 소개되어 있고, 북한 주민이나 군인들의 생활상도 엿볼 수 있다. DMZ의 자연생태에 대한 전시물도 화려하고 꼼꼼하게 전시되어 있다. 접경 지역 곳곳에는 DMZ와 안보 관련 교육시설들이 여럿 운영되고 있는데, 이곳이 단연 압권이다. 남북의 분단이나 DMZ와 관련된 모든 것을 한자리에서 살펴보고 공부하고 생각해볼 수 있도록 박물관을 꾸몄다. 분단으로 인한 비극의 참상도 여실히 느낄 수 있고 통일이 얼마나 중요한지도 분명하게 깨달을 수 있다.

© Paik Chul

강원도 DMZ박물관

고성의 민통선 안쪽, 통일전망대 가는 길에 있다. 6·25전쟁과 DMZ에 관련된 거의 모든 것을 모아 전시하고 있는 최고의 안보교육장이다.

DMZ

해 뜨는 동해에서

경기도 파주의 최서단에 위치한 1사단 첫 번째 초소에서 출발한 우리의 DMZ 기행이 마지막으로 찾은 곳은 강원도 고성군 최동단의 마지막 초소. 반팔 티셔츠를 입고 출발한 여행이 어느 새 겨울로 접어드나 싶더니 마침내 해를 바꾸었다.

철책 역시 이 지점에 이르면 동해바다와 만나게 되고, 90도 각도로 방향을 틀어 해안철책으로 바뀐다. 이 해안철책은 속초 인근까지 연결되어 있으며, 역시 22사단이 맡아서 지키고 있다. 휴전선은 여기서 끝나지만 철책은 해안을 따라 저 후방에까지 연결되어 있는 것이다. 서부전선의 철책이 행주산성에서부터 시작되는 것과 마찬가지다.

"이곳은 바닷가이자 도로와 철도가 건설된 평지이기 때문에 적군이 수시로 내려오는 지역입니다. 적과의 거리도 가까워서 한시도 긴장을 놓을 수 없는 지역입니다."

안내를 맡은 공보장교의 설명이다. 실제로 이 지역에서는 지난 2012년에 일명 노크 귀순 사건이 벌어지기도 했다. 북한군 병사가 동해선 도로를 따라 남하한 뒤 철책을 타고 넘어 우리 소초에까지 찾아와서 문을 두드린 사건이다. 이런 일이 가능했던 것은 그만큼 이 지역의 남한과 북한이 거리상 가깝고, 또 도로와 해안 등이 발달하여 이동에 유리한 지형이기 때문이다. 이처럼 위험한 지형의 맨 마지막 초소 위에서 병사들은 오늘도 오른쪽 뺨에는 바닷바람을, 왼쪽 뺨에는 산바람을 맞으며 북쪽을 노려보고 있다.

병사들이 지키는 해안철책 위로 오늘도 동해에서는 어둠을 몰아내며 붉은 태양이 떠오른다. 물결은 아침 햇살을 받아 금색으로 일렁이고, 밤새 얼었던 병사의 뺨에도 붉은 기운이 감돌기 시작한다. 햇살은 이내 철책을 넘어 사람의 마을에도 퍼질 것이다. 그렇게 너무 느리지도 않고 너무 빠르지도 않은 아침 햇살처럼, 통일의 기운이 시나브로 남과 북의 산천에 물들기를 고대한다.

철책에 갇힌 바다

동해안 최북단의 민통선 안쪽 해변이다. 명사십리에 가본 적은 없지만 아마 이보다 더 깨끗하고 정갈한 모래사장은 아닐 것이다.

새벽의 동해안 철책

투광등 불빛이 점점 야위는 가운데 또 하루가 밝아오고 있다.
물 맑은 동해안 북단의 수십 킬로미터가 이런 해안 철책으로 막혀 있다.

마지막 초소

서쪽의 임진강변에서 시작된 철책은 이곳 동해바다에 이르러 끝난다. DMZ도 여기서 끝이다. 하지만 철책은 여기서 다시 해안을 따라 남쪽으로 계속 이어진다. 사진 위쪽으로 멀리 해금강이 보인다.

동해의 일출

서쪽에서는 찬바람이, 동쪽에서는 바닷바람이 끊임없이 몰아치는 곳이 고성의 해변이다. 고성 최동단의 마지막 초소의 병사들은 오늘도 거센 바닷바람을 맞으며 동해의 어둠을 몰아내는 붉은 태양을 맞는다.

에필로그

휴전선 최서단 파주의 초소에서 시작된 우리의 휴전선 기행은 마침내 최동단 고성의 마지막 해안 초소에 이르렀다. 155마일, 248킬로미터에 이르는 휴전선과 DMZ, 남방한계선 철책도 그렇게 시작되고 그렇게 끝난다. 계절을 바꾸고 해를 바꾸어가며 거듭거듭 찾았던 DMZ 일원은 이제 우리 일행에게는 더 이상 변방의 낯선 도시나 시골이 아니었다. 길이 익숙해지고 산천은 편안해졌다. 전방에 자리 잡은 여행 장병들의 숙소인 무슨무슨 회관들의 작은 방과 낡은 침대, 녹슨 철책과 24시간 이를 지키고 있는 병사들의 모습은 더 이상 신기할 게 없는 일상처럼 여겨진다. PX가 따로 없는 최전방의 외딴 소초 앞마당에서, 1주일에 한 번 오는 황금마차에서 아이스크림과 과자를 사서 병사들과 나누어 먹으며 많은 이야기를 나누었고, 다시 군에 입대하여 훈련을 받고 있는 게 아닌가 싶을 정도로 험난한 계단들도 오르내렸다. 이 흥미롭고 고된 여행을 통해 우리는 무얼 본 것일까? 민간인들이 밟아보기는커녕 구경조차 어려운 최전방의 철책들을 돌며 우리가 찾아낸 것은 무엇일까?

우리는 DMZ의 서쪽 끝에서 동쪽 끝까지 군데군데 설치된 최전방 전망대에서 전방이 아니고는 볼 수 없는 거대한 숲과 너른 풀밭, 오염되지 않은 물길과 태고의 신비를 간직한 웅덩이들을 보았다. 이곳이 아니면 볼 수 없는 풍경이요, 보지 않으면 상상하기도 어려운 풍경이다. 숨 막히는 정적과 고요 속에 납작 엎드린 대초원, 까마귀가 날고 고라니와 멧돼지들이 뛰노는 산비탈, 형형색색의 단풍과 맑은 물줄기가 어우러진 고산준령이 거기 있다. 남방한계선 철책 바깥에서 사람들이 한강의 기적을 이루는 동안, 철책 안의 DMZ 안에서는 대자연이 또 하나의 기적을 이루어 놓았다.

DMZ에는 물론 아름다운 초목과 저 홀로 자유로운 야생동물만 있는 것이 아니다. 거기에는 무엇보다도 색다른 공기가 있다. 맑고 깨끗해서 간밤의 숙취마저 금방 깨게 만드는 그런 공기 얘기가 아니다. DMZ에는 여타 지역과는 다른 밀도의, 여타 지역에서는 느낄 수 없는 긴장감을 불러일으키는 공기가 있다. 적들의 진지가 거기 있고, 적들의 철책이 거기 있고, 숨겨져 보이지는 않으나 이쪽으로 열린 적들의 대포가 거기 있다. 안개와 구름이 자욱해서 DMZ 건너편이 전혀 보이지 않는 날에도 이 독특한 공기의 냄새와 긴장감은 사라지지 않는다.

이 시각적으로 평화롭고 육감적으로 긴장되는 땅에는 동식물만 살고 있는 것이 아니다. 죽은 자들의 넋과 원혼만 떠도는 것이 아니다. 그 땅에 발을 딛고 하루하루의 일상을 살아가는 우리의 이웃들이 거기 있다. DMZ 안에는 GP가 있고, 이 고립된 섬 속의 섬에서 장병들은 몇 달씩 머무르며 적의 움직임을 관찰한다. 적군 병사의 움직임 하나하나까지 놓치지 않기 위해 형형한 눈빛으로 밤을 불태운다. 비가 와도 적을 살펴야 하고 눈이 와도 경계를 게을리할 수 없다. 고되고 빡빡한 데다가 비좁은 공간에서 생활해야 하니 정신적 고통은 물론 육체적이고 물리적인 고통까지 가중된다. 게다가 우리 GP와 적 GP의 거리는 대부분 1,000미터 안팎이다. 500미터에 불과한 곳도 있다. 소총만으로도 상대를 사살할 수 있는 거리다. 이런 지근거리에 동료와 이웃과 가족이 아니라 호시탐탐 나의 목숨을 노리는 가장 명백한 적이 존재하는 것이다.

DMZ 안에는 밤마다 수색을 하고 매복을 하는 수색대 용사들도 있다. 지뢰탐지기에 의지하여 한 발 한 발 길을 더듬고, 언제 적들이 나타날지 모르는 바위 아래서 밤을 밝힌다. 빛과 소리를 용납하지 않는 이들의 임무는 DMZ 안의 공기를 우리 쪽에 유리하도록 만드는 것이다. 어둠에 묻힌 채 이 불가능한 과업을 수행하기 위해 오늘도 우리의 아들들은 내복 위에 내복을 덧입고 철조망을 넘나든다.

남방한계선과 북방한계선은 DMZ의 담장이다. 남방한계선은 문자 그대로 2중 3중의 철책으로 세워져 있고, 가로등 같은 투광등이 철책 위에 촘촘히 매달려 있다. 철책을 세우고 유지하며 투광등을 매달 돈이 없는 북쪽은 사람이 건너뛸 수 없는 너비의 황톳길을 산 중턱에 만들어두었다. 우리의 남방한계선 철책 앞에 서면 대부분의 구간에서 이 북쪽 길이 보인다. 산림 속에 난 임도를 닮은 이 선은 북녘의 산하에 새겨진 또 하나의 거대한 상처 자국처럼 보인다. 남북의 병사들은 이렇게 저마다 쌓아올린 담장 바깥에서 담장 너머 DMZ와 그 너머의 상대방을 경계하고 있다.

서로가 호시탐탐 침략의 기회를 노리고 있다고 믿는 남과 북의 대치는 단 한순간도 휴식을 기대할 수 없는 것이다. 이 대치에는 꽃 피는 봄과 단풍 드는 가을이 없다. 폭염의 여름과 혹한의 겨울도 없다. 기후와 날씨를 개의치 않는 이 긴장 속에서 오늘도 병사들은 실탄이 장전된 총을 들고 투광등 아래서 경계를 서고 있다.

대다수 대한민국의 젊은이들에게 군대란 피할 수 있는 것이 아니다. 최전방 GOP 근무 역시 개인의 선택에 맡겨지는 것이 아니다. 그럼에도 불구하고 우리가 만난 최전방 철책의 병사들은 자신의 처지를 한탄하거나 상부의 지시에 불만을 드러내지 않았다. 물론 그래봐야 달라질 게 없고 그래봐야 편해지는 것도 아니니 불평과 불만이 약이 될 리 없다는 걸 이들도 잘 알고 있을 터였다.

"전방 사단에 배치된 걸 알고 착잡했습니다. 신병 교육을 마치고 부대로 오는데 너무 시골인 데다가 민가가 아예 보이지 않아 두려웠습니다. GOP 연대에 배치되었을 때는 엄마 얼굴이 그렇게 보고 싶을 수가 없었습니다. 하지만 막상 배속이 되자 하루라도 빨리 GOP 근무를 시작해서 끝내고 싶다는 생각이 들었습니다. 숙제가 밀려 있는 그런 기분이었습니다. 실제로 이렇게 올라오고 나니 괜히 미리부터 걱정을 너무 많이 했다는 생각이 듭니다. 처음엔 고생도 좀 했지만 금방 익숙해졌습니다. 이제는 겨울도 그다지 두렵지 않습니다."

늦가을의 최전방 산악지대 철책을 지키는 한 병사는 그렇게 말했다. 젊다는 건 그런 것이다. 어렵고 힘든 일일지라도 필요하다면 몸을 던져 해내는 사람이 젊은이다. 할 수밖에 없는 일이라면 먼저 나서서 해내는 사람이 젊은이다. 눈치 보고 뒷걸음질 치고 회피해서는 아무것도 이룰 수 없다.

아무리 그렇더라도 GOP를 지키는 장병들의 하루하루 일과는 민통선 바깥에서 온 예비역에게는 보기에도 안쓰럽고 눈물겹다. 모자라는 수면시간과 낮과 밤이 수시로 바뀌는 불규칙한 생활, 토요일과 일요일과 휴일이 전혀 없는 똑같은 일상, 비바람과 눈보라를 적이 아니라 친구로 삼아야 하는 올빼미의 삶이 이들의 일과다. 너무 추워서 발가락을 잘라내고 싶었다는 병사도 만났고, 누구든 하루에도 몇 번씩 수천 개의 계단을 오르내리느라 무릎의 인대가 남아나지 않는다는 예비역도 만났다. 젊음이 아니고는 감당할 수 없는 이런 생활을 오늘도 묵묵히 이겨내고 있는 GOP 부대의 장병들이야말로 이번 이야기의 진짜 주인공이다.

무장을 해서는 안 되는 DMZ와 무장을 할 필요가 전혀 없는 민가 사이에 민통선이 있다. 군대 막사들이 옹기종기 모여 있고, 민통선 바깥에 사는 사람들이 해 뜰 때 들어와 해 질 때까지 농사를 짓는 곳이다. 부대 안쪽도 아니고 그렇다고 부대 바깥도 아니다. 이 독특한 혼성의 지대에서 우선 눈에 띄는 것은 60년의 세월을 거치며 왕성하고 독특하게 복원된 자연생태계다. 철책을 지키는 병사들이 모여 사는 소초마다 멧돼지 가족들이 있고, 고라니, 산양, 노루가 포장된 도로 위를 무시로 횡단한다. 연천의 강가와 철원의 평야에는 두루미와 독수리들이 날아든다. 다른 곳에서는 볼 수 없는 풍경이다. 천혜의 자연환경과 식생이 있기에 철새들은 다른 곳이 아니라 민통선 안쪽의 이 지역으로만 모여든다.

거기에는 60년 동안 누구도 건드리지 않은 거대한 초원이 있다. 자연이 스스로 만들어낸 가장 자연스런 생태계다. 보존할 것은 보존하고 버릴 것은 버리는 자연의 치유력과 회복력을 눈으로 직접 확인할 수 있는 곳이 민통선 안이다. DMZ에 평화공원을 만든다거나, DMZ를 개발하고 보존하는 문제를 고민할 때에는 반드시 이 민통선 지역도 함께 논의해야 한다. 실제로 DMZ 일원을 다니며 DMZ 안쪽보다 훨씬 뛰어난 수풀과 하천을 민통선 안에서 여럿 볼 수 있었다. 농민들이 많이 출입하는 지역보다 영농지가 거의 없는 지역에서 특히 그랬다. 이런 민통선 지역은 오로지 군대밖에 주둔하지 않는 지역인지라 본의 아니게 무관심 속에 버려진 산천이 많고, 거기서 자연은 저 홀로 상처를 치유하고 과거를 파묻으며 행복하게 자라고 있다. 상처로 얼룩진 DMZ와 민통선 안에도 연둣빛 풀이 돋고 붉은 꽃이 만발한다.

동해안 최북단의 명호리와 그 위쪽의 하얀 모래 해변은 철조망에도 불구하고 끝없이 북으로 이어져 원산의 명사십리 해변까지 연결된다고 한다. 명사십리는 맑고 깨끗한 모래와 해당화로 유명한 해변이다. 조선시대를 지나는 동안 수많은 시인묵객들이 이 해변의 아름다움을 노래했다. 그런 노래들 중에는 이런 민요도 있다.

명사십리 해당화야
꽃 진다고 설워마라
잎 진다고 설워마라
동삼(冬三) 석 달 꼭 죽었다
명춘삼월(明春三月) 다시 오리

겨울철 죽은 듯이 엎드렸다가 봄이 오면 다시 살아나 아름다운 꽃을 피우는 해당화처럼, 우리 민족의 서러운 분단에도 언젠가는 봄날이 찾아올 것이다. 그날이 되면 고성으로 달려가 하얀 모래를 원 없이 밟으며 명사십리까지 걸어도 좋겠다.

한국국방안보포럼(KODEF)은 21세기 국방정론을 발전시키고 국가안보에 대한 미래 전략적 대안을 제시하기 위해 뜻있는 군·정치·언론·법조·경제·문화 마니아 집단이 만든 사단법인입니다. 온·오프라인을 통해 국방정책을 논의하고, 국방정책에 관한 조사·연구·자문·지원 활동을 하고 있으며, 국방 관련 단체 및 기관과 공조하여 국방 교육 자료를 개발하고 안보의식을 고양하는 사업을 하고 있습니다. http://www.kodef.net

평화와 생명의 땅 DMZ를 가다

초판 1쇄 인쇄 2014년 7월 14일
초판 1쇄 발행 2014년 7월 18일

지은이 김환기
사진 최태성·백철·손민석
펴낸이 김세영

책임편집 이보라
편집 김예진
디자인 송지애
관리 배은경

펴낸곳 도서출판 플래닛미디어
주소 121-894 서울시 마포구 월드컵로8길 40-9 3층
전화 02-3143-3366
팩스 02-3143-3360
블로그 http://blog.naver.com/planetmedia7
이메일 webmaster@planetmedia.co.kr
출판등록 2005년 9월 12일 제313-2005-000197호

ISBN 978-89-97094-54-7 03390